ワンコイン参考書シリーズ

小6 算数 参考書

日栄社

刊行にあたって

「バブル崩壊」という経済的な事件が、日本で1990年近辺に起こりました。1945年に第二次世界大戦に敗戦した日本は、戦後の復興から、約半世紀にわたる経済成長をとげましたが、「バブル崩壊」は「高度経済成長」から続いていた日本の右肩上がりの時代の終わりを告げるものでした。

それ以降、日本では「失われた30年」とも言われる沈滞の時代が続いています。

「一億総中流」と呼ばれ、がんばれば誰もが豊かになれると信じられた社会から、貧困率が上昇し続ける「格差社会」へと、日本の社会は姿を変えつつあります。子どもたちの生活においても、「7人に1人」が貧困であると言われています。

貧困は子どもたちから教育の機会を奪います。子どもが成長して親になったときに、教育の不足ゆえに低い収入で働き続けることを受け入れざるを得なかったとすれば、その次の世代の子どもも、また貧困に苦しみ、十分な教育から遠ざけられかねません。これは「貧困の連鎖」「格差の連鎖」と呼ばれています。

また、教育の不足で十分な収入が得られないために、不本意ながら結婚や出産をあきらめる人たちもいることでしょう。青壮年の貧困は「少子化」の大きな原因のひとつともなっています。

こういった悪循環は、日本の現在の大人である私たちが作りだしたものであり、子どもたちには何の責任もありません。この悪循環を止めるにはいろいろな方法があろうかと思いますが、「高齢化」が進行し、福祉にますます財源が必要になる中でも、貧しさが原因で子どもが学びをあきらめるような社会をつくってはならないと、私たちは考えています。

『ワンコイン参考書・問題集（税別500円）／ツーコイン電子参考書・電子問題集（税別200円）』は、未来を担う日本の子どもたちが安くても良質な参考書・問題集を手に取れるようにとの思いで刊行しました。この理念に賛同してくれた著者の先生や、制作会社、印刷会社の人たちのおかげで、このシリーズを刊行することができました。

子どもたちよ、どうか「学びを、あきらめない」でください。このシリーズが子どもたちの役に立つことを祈っています。

2022年10月27日　日栄社編集部

もくじ　小6算数参考書

第1章 対称《たいしょう》な図形

1．線対称《たいしょう》な図形とは

1本の直線を折り目にして折ったとき，折り目の両側の部分がぴったり重なる図形を，**線対称《たいしょう》**な図形といいます。また，この折り目の直線を，**対称《たいしょう》の軸《じく》**といいます。

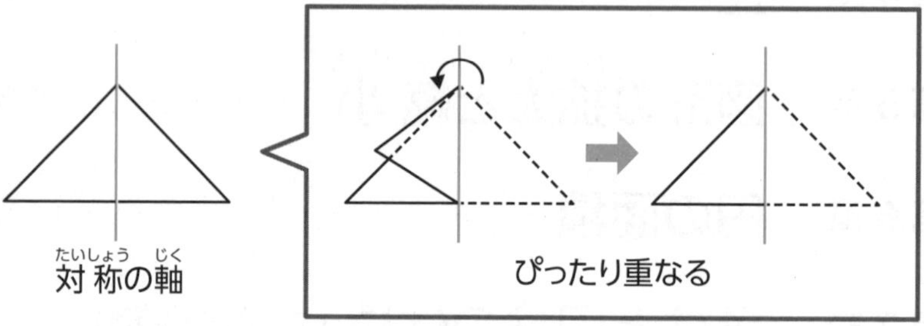

2．線対称《たいしょう》な図形の性質―対応する点，角，辺

右の図は，線対称《たいしょう》な図形です。

この図形を，対称《たいしょう》の軸《じく》を折り目にして折ったとき，それぞれ次の点どうし，角どうし，辺どうしがぴったり重なります。

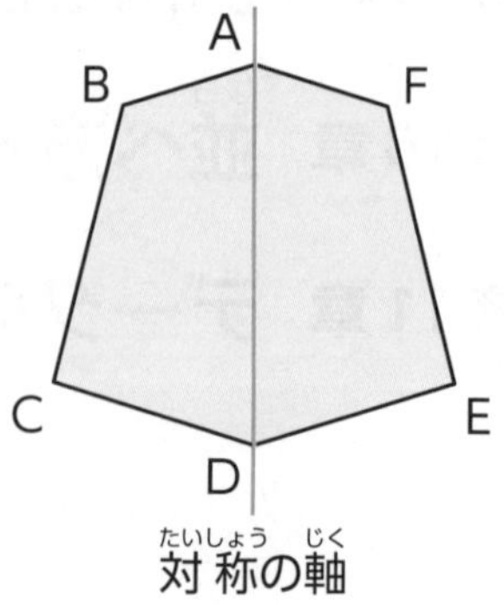

点	ＢとＦ	ＣとＥ	
角	ＢとＦ	ＣとＥ	
辺	ＡＢとＡＦ	ＢＣとＦＥ	ＣＤとＥＤ

このように，対称《たいしょう》の軸《じく》を折り目にして折ったときに重なる点，角，辺を，それぞれ対応する点，対応する角，対応する辺といいます。たとえば，前ページの図形で，点Ｂに対応する点はＦ，辺ＣＤに対応する辺はＥＤです。

線対称《たいしょう》な図形では，対応する角の大きさや対応する辺の長さは等しくなっています。

3．線対称《たいしょう》な図形の性質―対称《たいしょう》の軸《じく》との関係

右の図で，対応する点ＢとＦを結んだ直線と対称《たいしょう》の軸《じく》が交わる点をＧ，対応する点ＣとＥを結んだ直線と対称《たいしょう》の軸《じく》が交わる点をＨとします。

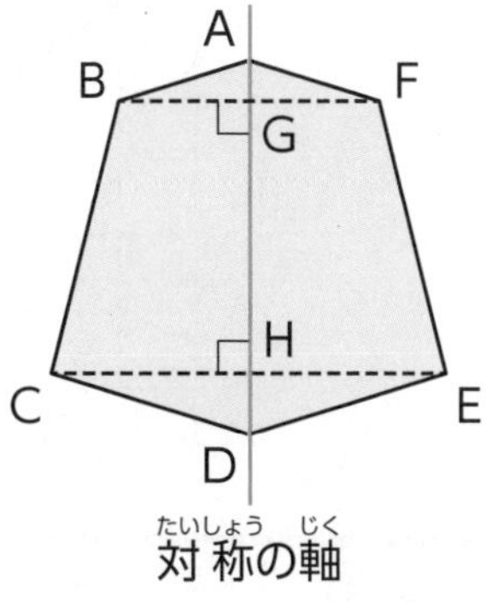

このとき，直線ＢＦと直線ＣＥはそれぞれ，対称《たいしょう》の軸《じく》と垂直《すいちょく》に

交わっています。また，直線ＢＧとＦＧ，直線ＣＨとＥＨは，それぞれ長さが等しくなっています。

線対称《たいしょう》な図形では，対応する２つの点を結ぶ直線は，対《たい》称《しょう》の軸《じく》と垂直《すいちょく》に交わります。また，この交わる点から対応する２つの点までの長さは等しくなっています。

4．線対称《たいしょう》な図形のかき方

次の図で，直線アイが対称《たいしょう》の軸《じく》になるように，線対称《たいしょう》な図形をかきましょう。

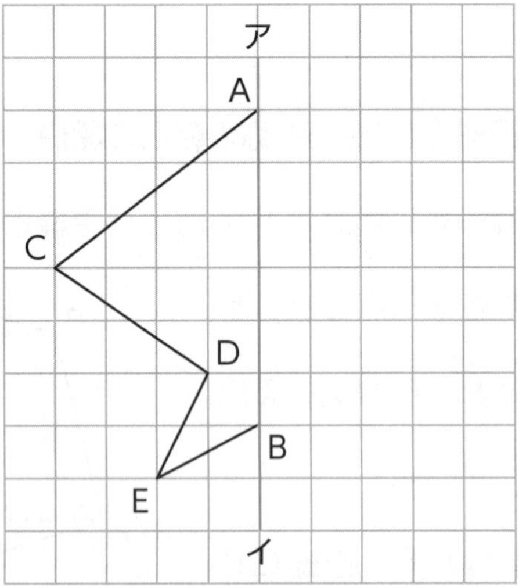

〈手順1〉

線対称《たいしょう》な図形では，対応する２つの点を結ぶ直線は，対称《たいしょう》の軸《じく》と垂直《すいちょく》に交わり，交わる点から対応する２つの点までの長さは等しいことから，点Cに対応する点Fをかきます。同様に，点Dに対応する点G，点Eに対応する点Hをかきます。

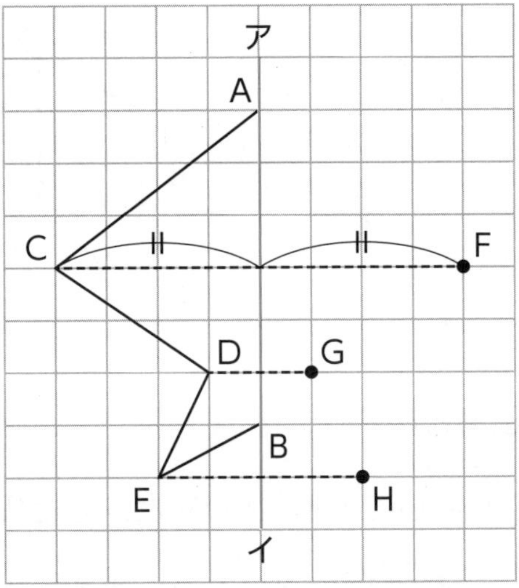

〈手順2〉

点AとF，点FとG，点GとH，点HとBを結ぶ直線をそれぞれかきます。

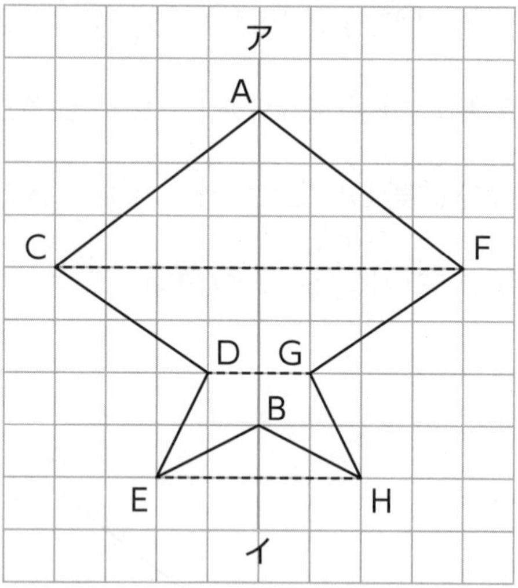

5．点対称《たいしょう》な図形とは

1つの点を中心にして180°まわすと，もとの図形にぴったり重なる図形を，**点対称《たいしょう》**な図形といいます。また，この中心にした点を，**対称《たいしょう》の中心**といいます。

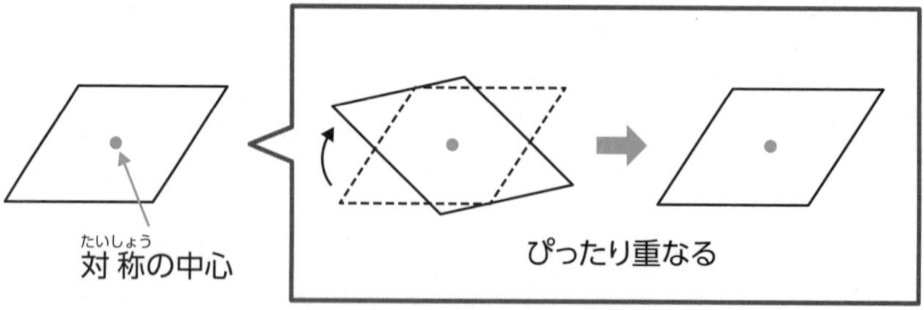

6．点対称《たいしょう》な図形の性質—対応する点，角，辺

右の図は，点対称《たいしょう》な図形です。

この図形を，対称《たいしょう》の中心Oを中心にして180°まわしたとき，それぞれ次の点どうし，角どうし，辺どうしがぴったり重なります。

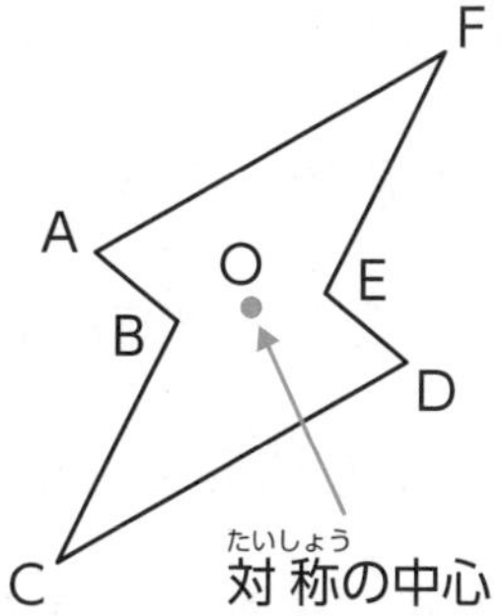

点	AとD	BとE	CとF
角	AとD	BとE	CとF
辺	ABとDE	BCとEF	CDとFA

このように，対称《たいしょう》の中心を中心にして180°まわしたときに重なる点，角，辺を，それぞれ対応する点，対応する角，対応する辺といいます。たとえば，上の図形で，点Aに対応する点はD，辺CDに対応する辺はFAです。

点対称《たいしょう》な図形では，対応する角の大きさや対応する辺の長さは等しくなっています。

7．点対称《たいしょう》な図形の性質—対称《たいしょう》の中心との関係

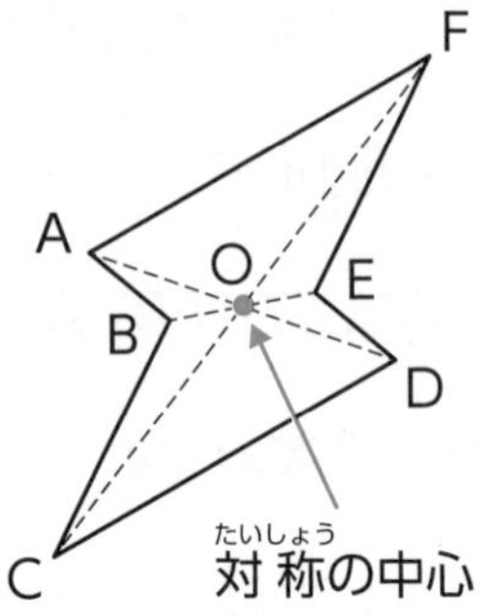

右の図で，対応する点ＡとＤを結んだ直線，点ＢとＥを結んだ直線，点ＣとＦを結んだ直線は，それぞれ対称《たいしょう》の中心Ｏをとおっています。また，直線ＡＯとＤＯ，直線ＢＯとＥＯ，直線ＣＯとＦＯは，それぞれ長さが等しくなっています。

点対称《たいしょう》な図形では，対応する2つの点を結ぶ直線は，対《たい》称《しょう》の中心をとおります。また，対称《たいしょう》の中心から対応する2つの点までの長さは等しくなっています。

8．点対称《たいしょう》な図形のかき方

次の図で，点Oが対称《たいしょう》の中心になるように，点対称《たいしょう》な図形をかきましょう。

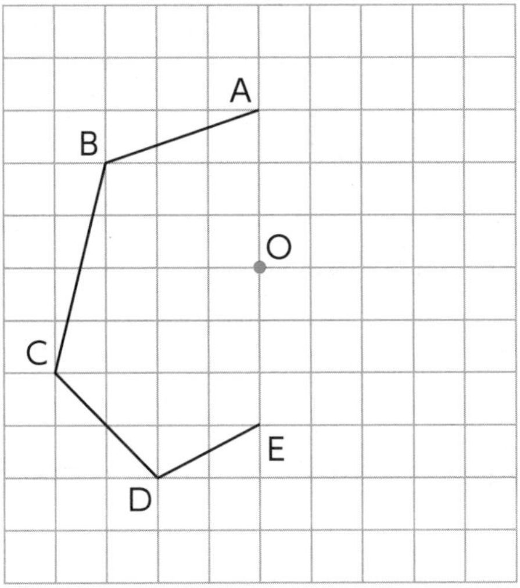

〈手順1〉

点対称《たいしょう》な図形では，対応する２つの点を結ぶ直線は，対称《たいしょう》の中心をとおり，対称《たいしょう》の中心から対応する２つの点までの長さは等しいことから，点Bに対応する点Fをかきます。同様に，点Cに対応する点G，点Dに対応する点Hをかきます。

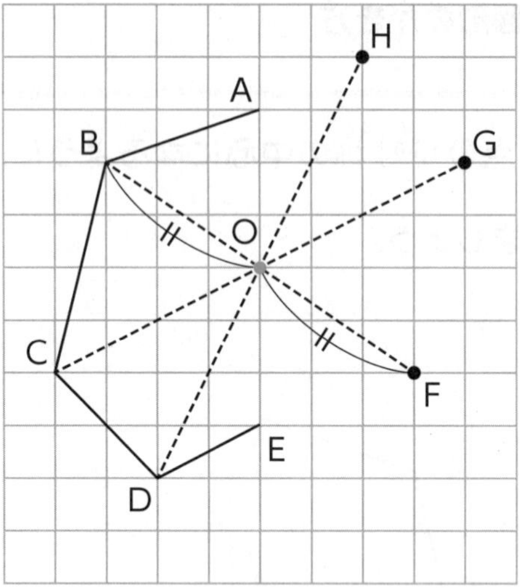

〈手順 2〉

点AとH，点HとG，点GとF，点FとEを結ぶ直線をそれぞれかきます。

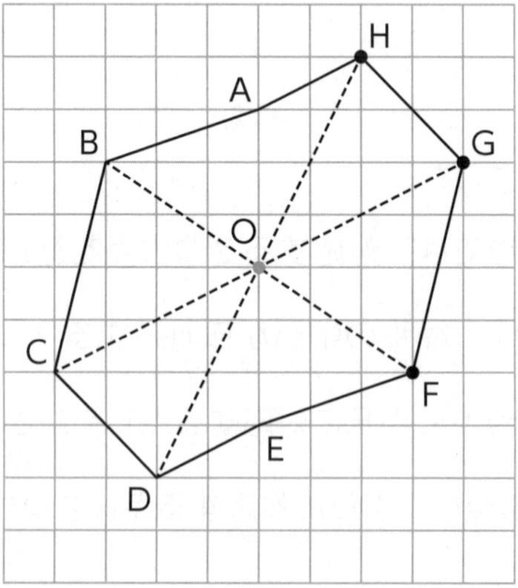

9．多角形と対称《たいしょう》―四角形

これまでに学習した四角形は，線対称《たいしょう》な図形でしょうか。点対称《たいしょう》な図形でしょうか。表にまとめましょう。

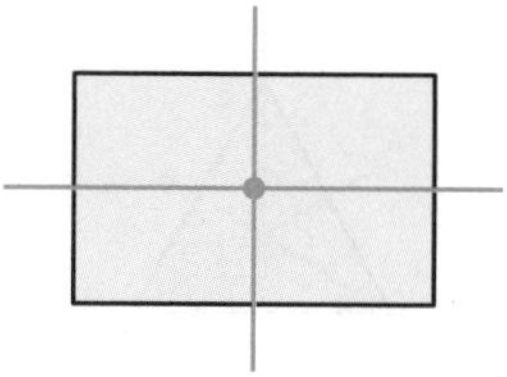
長方形

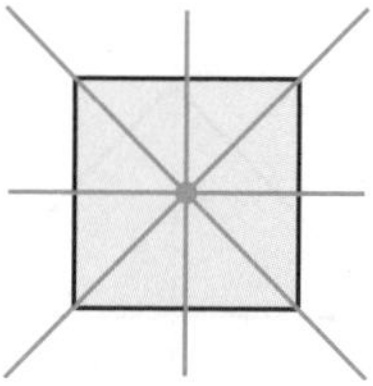
正方形

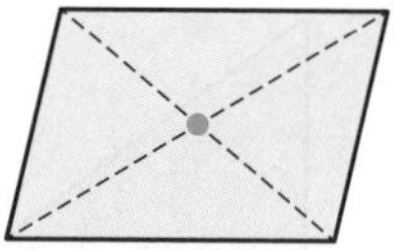
平行四辺形

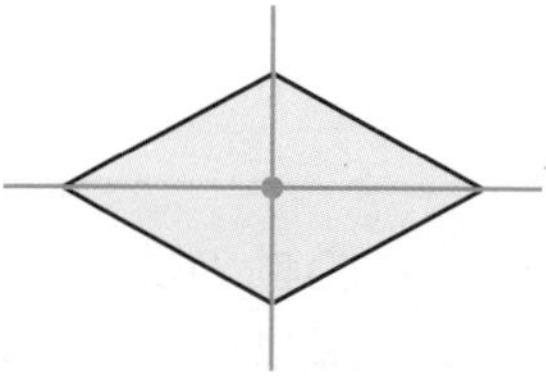
ひし形

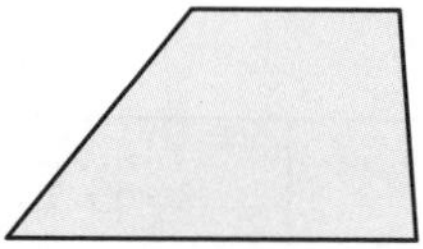
台形

	線対称《たいしょう》	対称《たいしょう》の軸《じく》の数	点対称《たいしょう》
長方形	○	2	○
正方形	○	4	○
平行四辺形	×	—	○
ひし形	○	2	○
台形	×	—	×

10. 多角形と対称《たいしょう》—三角形

これまでに学習した三角形は，線対称《たいしょう》な図形でしょうか。点対称《たいしょう》な図形でしょうか。表にまとめましょう。

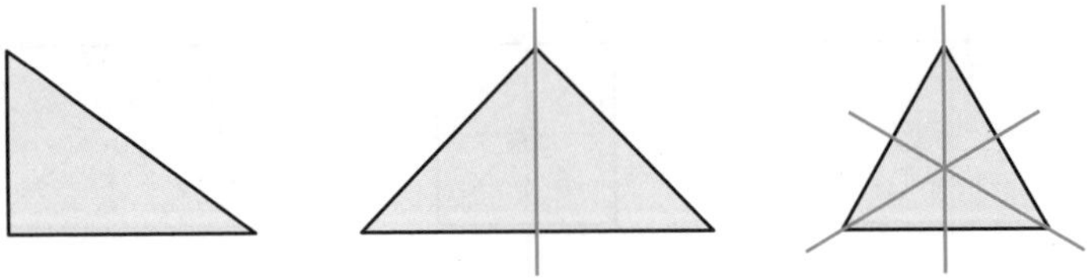

直角三角形　　二等辺三角形　　正三角形

	線対称《たいしょう》	対称《たいしょう》の軸《じく》の数	点対称《たいしょう》
直角三角形	×	—	×
二等辺三角形	○	1	×
正三角形	○	3	×

11. 多角形と対称《たいしょう》―正多角形

これまでに学習した正多角形は，線対称《たいしょう》な図形でしょうか。点対称《たいしょう》な図形でしょうか。表にまとめましょう。

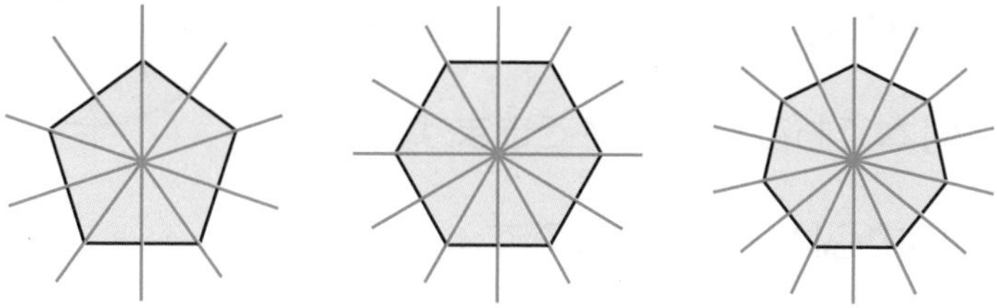

正五角形　　正六角形　　正七角形

	線対称《たいしょう》	対称《たいしょう》の軸《じく》の数	点対称《たいしょう》
正三角形	○	3	×
正方形	○	4	○
正五角形	○	5	×
正六角形	○	6	○
正七角形	○	7	×

12. 多角形と対称《たいしょう》—円

円は線対称《たいしょう》な図形であり，点対称《たいしょう》な図形でもあります。

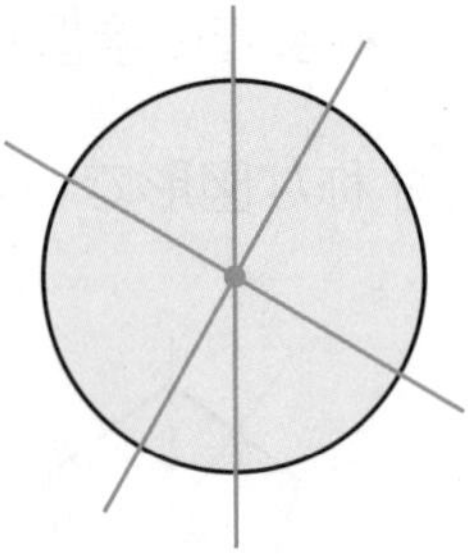

対称《たいしょう》の軸《じく》は，円の中心をとおる直線で，何本でもひくことができます。

対称《たいしょう》の中心は，円の中心です。

発《はっ》展《てん》事《じ》項《こう》 — 余《よ》裕《ゆう》のある人向け

中学校では，図形の移動について学習します。

たとえば，右の図のように，図形を，ある方向に，あるきょりだけ動かす移動を平行移動といいます。

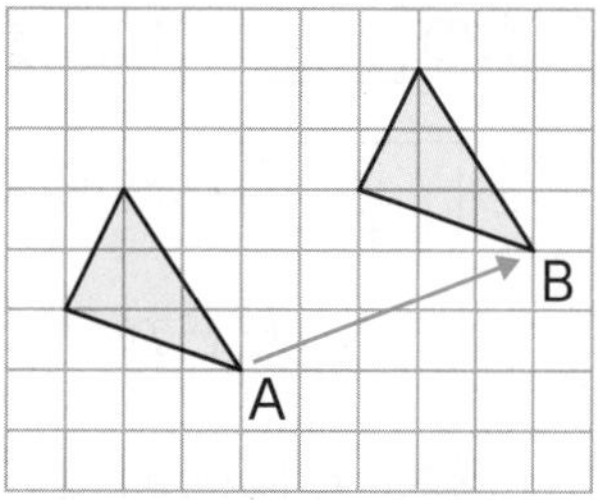

矢印の方向に直線ABの長さだけ平行移動させた

右の図のように，図形を，ある点を中心にして一定の角度だけ回転させる移動を回転移動といいます。また，この中心とする点を回転の中心といいます。

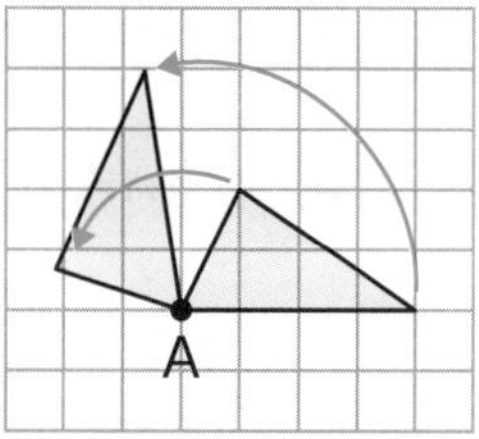

点Aを回転の中心として，矢印の方向に100°だけ回転移動させた

右の図のように，図形を，ある直線を折り目として折り返す移動を対《たい》称《しょう》移動といいます。また，折り目の直線を対称《たいしょう》の軸《じく》といいます。

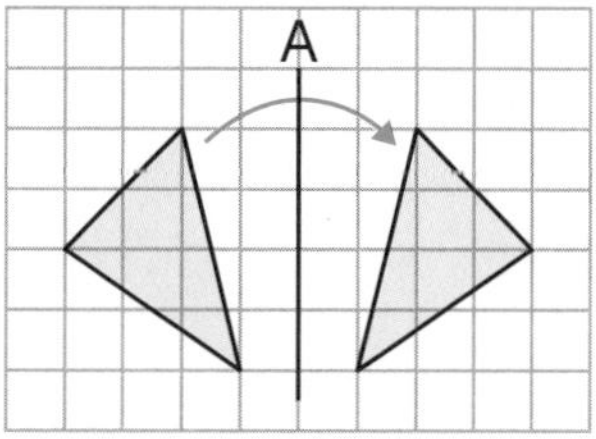

直線Aを対称《たいしょう》の軸《じく》として対称《たいしょう》移動させた

確《かく》認《にん》問題

解答 25ページ

1 次の □ に，適切なことばを入れましょう。

① Ⓐ な図形は，１本の直線を折り目にして折ると，折り目の左右がぴったりと重なります。そして，このような折り目の直線を Ⓑ といいます。 Ⓑ で図形を折ったとき，重なる角のことを Ⓒ 角，重なる辺のことを Ⓒ 辺といいます。 Ⓐ な図形では， Ⓒ 角の大きさや， Ⓒ 辺の長さはそれぞれ等しくなっています。

〔Ⓐ　　　　　　　　〕

〔Ⓑ　　　　　　　　〕

〔Ⓒ　　　　　　　　〕

② [Ⓐ] な図形は，1つの点を中心にして180°まわすと，もとの図形にぴったり重なります。このような回転の中心にした点を [Ⓑ] といいます。[Ⓐ] な図形を180°まわしたときに重なる角を [Ⓒ] 角，重なる辺のことを [Ⓒ] 辺といいます。[Ⓐ] な図形では，[Ⓒ] 角の大きさや，[Ⓒ] 辺の長さはそれぞれ等しくなっています。

〔Ⓐ 〕

〔Ⓑ 〕

〔Ⓒ 〕

2 次の８つの図形にふさわしい説明を，それぞれア～エより選んで答えましょう。

ア　線対称《たいしょう》ではあるが，点対称《たいしょう》ではない。

イ　点対称《たいしょう》ではあるが，線対称《たいしょう》ではない。

ウ　線対称《たいしょう》であり，点対称《たいしょう》でもある。

エ　線対称《たいしょう》でなく，点対称《たいしょう》でもない。

〔①　　　　〕

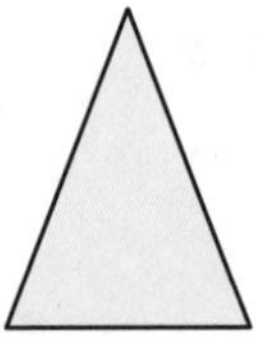

〔②　　　　〕

〔③　　　　〕

〔④　　　　〕

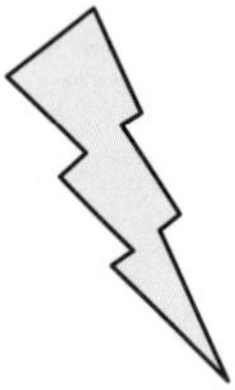

〔⑤　　　　〕

〔⑥　　　　〕

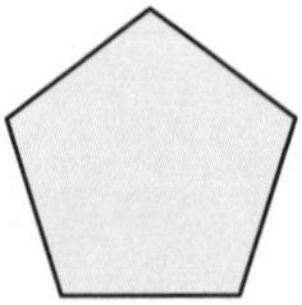

〔⑦　　　　〕

〔⑧　　　　〕

3 下の図形は，点対称《たいしょう》な図形の一部を隠《かく》したものです。点Oは対称《たいしょう》の中心です。

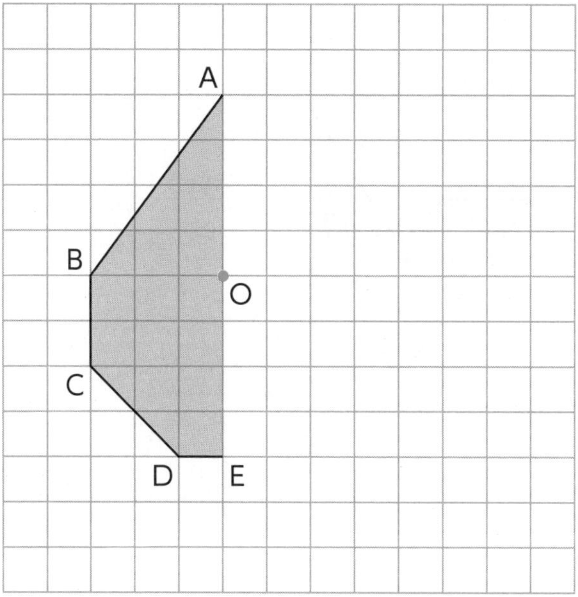

①点Bに対応する点を点F，点Cに対応する点を点G，点Dに対応する点を点Hとします。点F，点G，点Hはそれぞれどこにあるでしょうか。図の中にかきこみましょう。

②図の中にある点Aから点Hまでの8つの点を順番に結び，点対称《たいしょう》な図形をかいてみましょう。

4 対称《たいしょう》な図形をかきましょう。

①直線アイを対称《たいしょう》の軸《じく》とする線対称《たいしょう》な図形

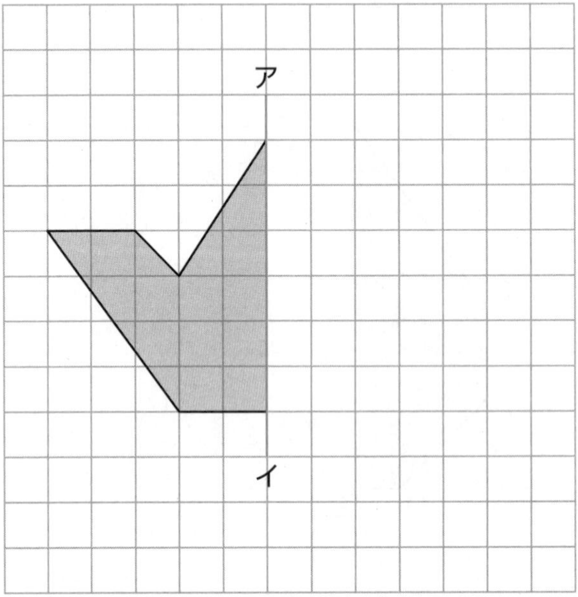

②点Oを対称《たいしょう》の中心とする点対称《たいしょう》な図形

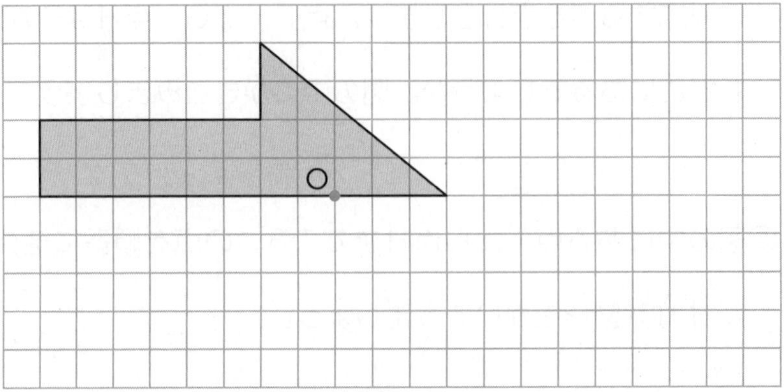

5 下の図形は平行四辺形です。

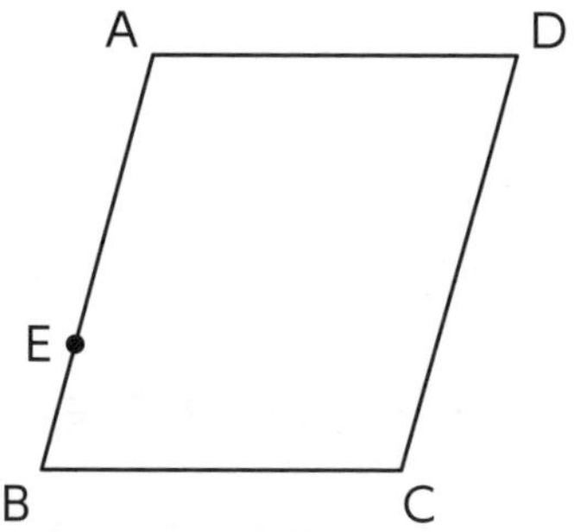

①対称《たいしょう》の中心Oを図形の中にかきこみましょう。

②点Eに対応する点を点Fとします。点Fを図の中にかきこみましょう。

6 次の①～⑤の文章は，それぞれある図形について説明したものです。①～⑤の文章にあてはまる図形を下の㋐～㋙の中から選んで答えましょう。

㋐二等辺三角形　㋑正三角形　㋒直角三角形
㋓長方形　㋔ひし形　㋕平行四辺形　㋖円
㋗正五角形　㋘正六角形　㋙正七角形

①この図形は，四角形で，点対称《たいしょう》ではありますが，線対称《たいしょう》ではありません。

〔　　　　　　　　〕

②この図形は，点対称《たいしょう》でも線対称《たいしょう》でもあります。対称《たいしょう》の軸《じく》は図形の中心をとおり，無数にあります。

〔　　　　　　　　〕

③この図形は線対称《たいしょう》ではありますが，点対称《たいしょう》ではありません。対称《たいしょう》の軸《じく》は1本で，図形の角の和は180°です。

〔　　　　　　　　〕

④この図形は，点対称《たいしょう》でも線対称《たいしょう》でもあります。対称《たいしょう》の軸《じく》が2本あり，対称《たいしょう》の中心で直角に交差します。

〔　　　　，　　　　〕

⑤この図形は線対称《たいしょう》ではありますが，点対称《たいしょう》ではありません。対称《たいしょう》の軸《じく》は5本あります。

〔　　　　　　　　〕

解 答

問題 18ページ

1 ①Ⓐ線対称《たいしょう》　Ⓑ対称《たいしょう》の軸《じく》　Ⓒ対応する

②Ⓐ点対称《たいしょう》　Ⓑ対称《たいしょう》の中心　Ⓒ対応する

2 ①ウ　②ア　③ア　④ウ　⑤エ　⑥ア　⑦ア　⑧イ

3 ①

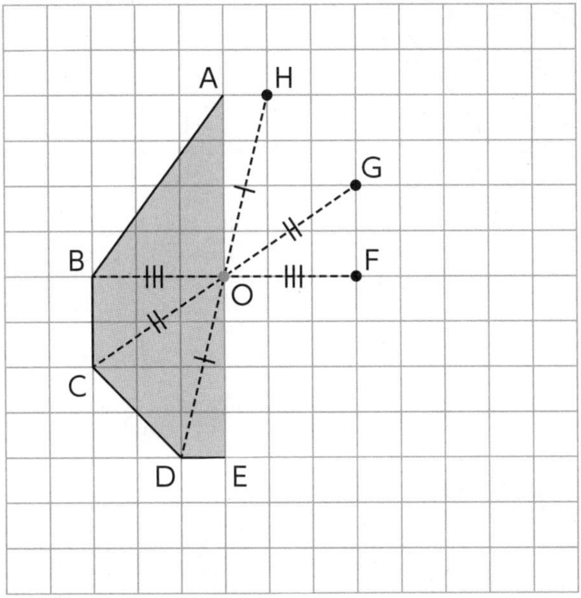

②

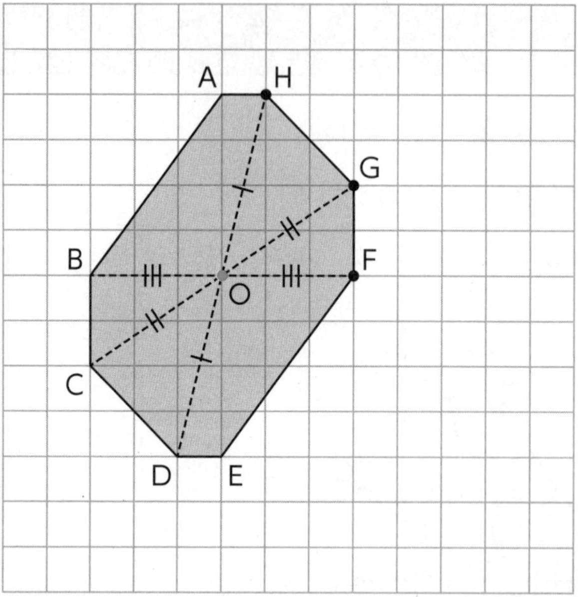

4①

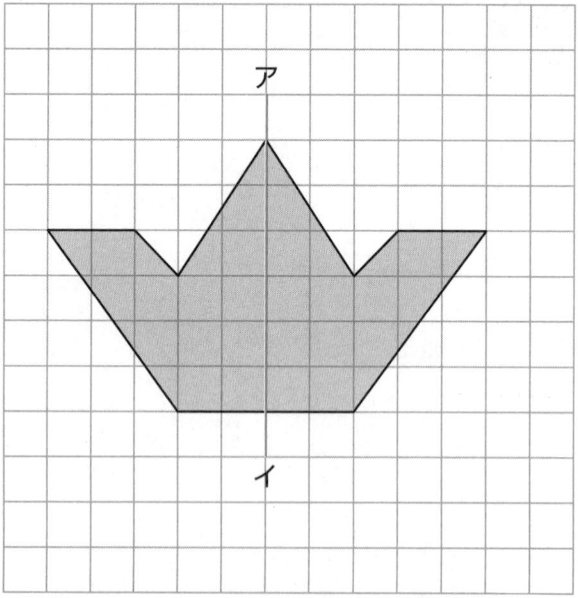

②

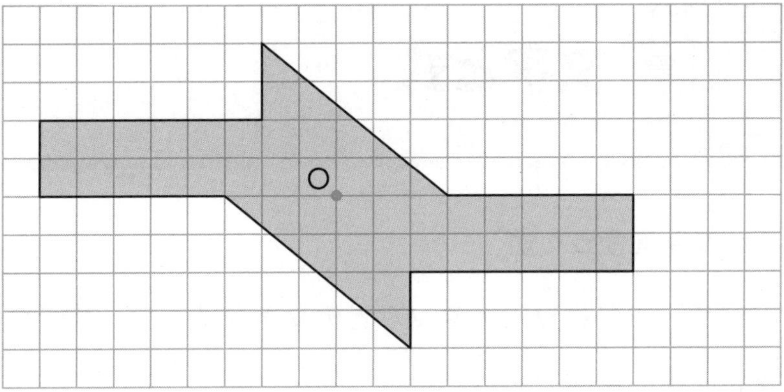

5 ①

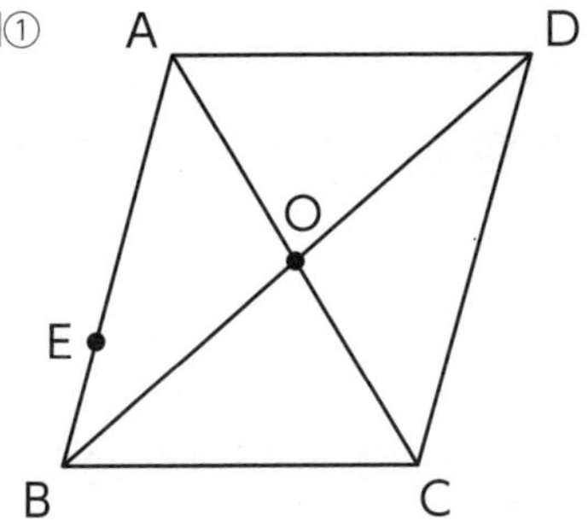

②

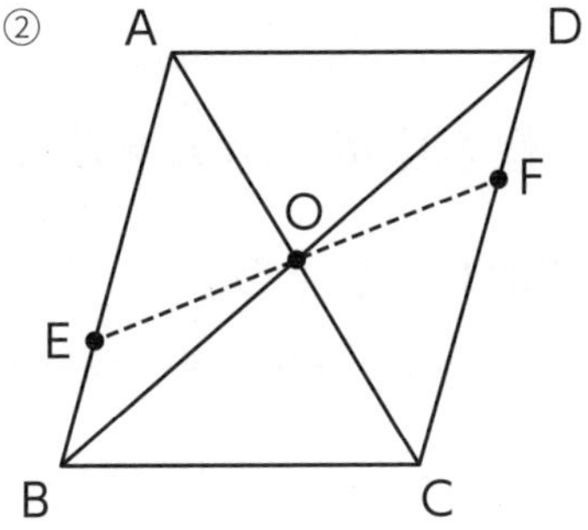

解 説 点対称《たいしょう》な図形は，対応する点を直線で結ぶと対称《たいしょう》の中心で交わります。また，図形上のある点から対称《たいしょう》の中心に向けて直線をひくことで，対称《たいしょう》の点を見つけることができます。

6 ①㋕　②㋖　③㋐　④㋓，㋔　⑤㋗

第2章　文字と式

1．文字を使った式

○や□のかわりにxやyなどの文字を使って，数量やその関係を式に表します。

1個40円のみかんを買うときの代金を，文字を使って式に表しましょう。

買う個数が1個のとき，2個のとき，3個のとき，4個のとき，…の個数と代金の関係は，次の表のようになります。

1個の値段《ねだん》（円）	買う個数（個）	代金を表す式	代金（円）
40	1	40×1	40
40	2	40×2	80
40	3	40×3	120
40	4	40×4	160

⋮

買う個数を x 個，代金を y 円とすると，個数と代金の関係は次の表のようになります。

1個の値段《ねだん》(円)	買う個数(個)	代金を表す式	代金(円)
40	x	$40 \times x$	y

したがって，x と y の関係は　$40 \times x = y$　です。

この式の x に20をあてはめると，次のように，買う個数が20個のときの代金を求めることができます。

$x = 20$ のとき　$40 \times \underset{x}{\underline{20}} = \underset{y}{\underline{800}}$　<u>800円</u>

このとき，x にあてはめた数20を **x の値《あたい》**といいます。

また，y を表す数800を，x の値《あたい》20に対応する **y の値《あたい》**といいます。

このように，いろいろな場面を式に表してみましょう。ことばの式に数や文字をあてはめていくとわかりやすいです。

80枚《まい》の折り紙のうち，x 枚《まい》を使いました。残りの折り紙の枚数《まいすう》は y 枚《まい》です。

x と y の関係を式に表しましょう。

また，x の値《あたい》が10，20のとき，それぞれに対応する y の値《あたい》を求めましょう。

(はじめにあった枚数《まいすう》) − (使った枚数《まいすう》) = (残りの枚数《まいすう》)

80枚《まい》　　x 枚《まい》　　y 枚《まい》

$$80 - x = y$$

x の値《あたい》が10のとき，対応する y の値《あたい》は，

$80 - 10 = 70$

x の値《あたい》が20のとき，対応する y の値《あたい》は，

$80 - 20 = 60$

90円のドーナツを x 個と，120円のプリンを1個買ったところ，代金の合計は y 円になりました。

x と y の関係を式に表しましょう。

また，y の値《あたい》が1200となる x の値《あたい》を求めましょう。

(ドーナツ1個の値段《ねだん》)	×	(個数)	+	(プリンの代金)	=	(代金の合計)
90円		x個		120円		y円

$$90 \times x + 120 = y$$

x の値《あたい》に9，10，11，……とあてはめていき，y の値《あたい》が1200になるものを見つけます。

$x=9$のとき　$90\times9+120=930$　$y=930$

$x=10$のとき　$90\times10+120=1020$　$y=1020$

$x=11$のとき　$90\times11+120=1110$　$y=1110$

$x=12$のとき　$90\times12+120=1200$　$y=1200$

したがって，y の値《あたい》が1200となる x の値《あたい》は12です。

x Lのジュースを，7人で同じ量ずつ分けたところ，

1人分のジュースの量は y Lになりました。

x と y の関係を式に表しましょう。

また，x の値《あたい》が2.1のとき，対応する y の値《あたい》を求めましょう。さらに，y の値《あたい》が0.5のとき，対応する x の値《あたい》を求めましょう。

(はじめにあった量) ÷ (人数) = (1人分の量)

x L　　7人　　y L

$$x \div 7 = y$$

x の値《あたい》が2.1のとき，対応する y の値《あたい》は，

$2.1 \div 7 = 0.3$

y の値《あたい》が0.5のとき，$x \div 7 = 0.5$ が成り立つから，

$$\begin{aligned} x &= 0.5 \times 7 \\ &= 3.5 \end{aligned}$$

２．式が表す場面

えんぴつ１本の値段《ねだん》はx円，ノート１冊《さつ》の値段《ねだん》は100円，

ふくろ代は５円です。

次の式はそれぞれ何を表していますか。

① $x+100$

② $x\times3+5$

③ $x\times2+100$

① $x+100$

えんぴつ１本の値段《ねだん》とノート１冊《さつ》の値段《ねだん》の合計なので，「えんぴつ１本とノート１冊《さつ》の代金」を表しています。

② $x\times3+5$

えんぴつ１本の値段《ねだん》の３倍とふくろ代の合計なので，「えんぴつ３本の代金とふくろ代」を表しています。

③ $x\times2+100$

えんぴつ１本の値段《ねだん》の２倍とノート１冊《さつ》の値段《ねだん》の合計なので，「えんぴつ２本とノート１冊《さつ》の代金」を表しています。

次の図は，上底が4cm，下底が6cm，高さがx cmの台形です。下の式は，この台形の面積を求めたものです。それぞれどのようにして求めたのかを考えましょう。

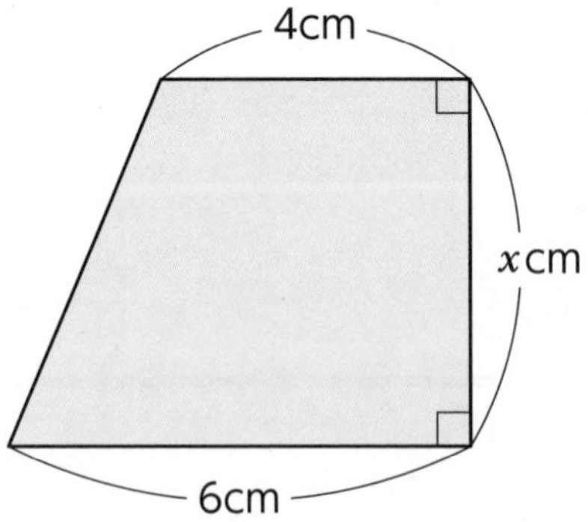

① $x \times (4+6) \div 2$

② $2 \times x \div 2 + x \times 4$

③ $x \times 6 - (6-4) \times x \div 2$

① $x \times (4+6) \div 2$

台形を２つ組み合わせると，次の図のような長方形になります。

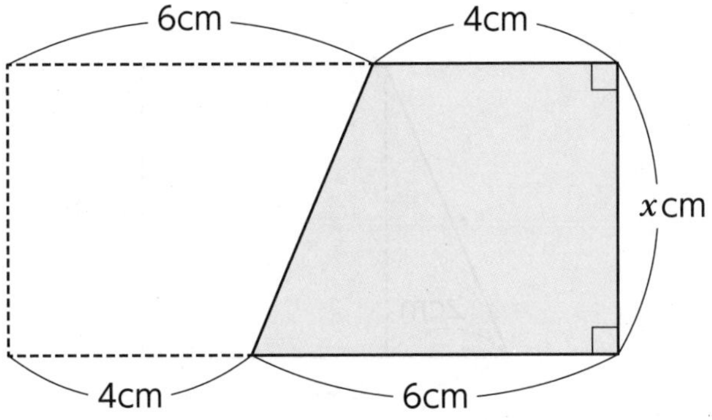

下線部＿＿＿はこの長方形の面積を，波線部～～～はこの長方形の横の長さを表しています。

よって，①の式は，台形を２つ組み合わせて長方形をつくり，長方形の面積を半分にして台形の面積を求めたことがわかります。

② $\underline{2 \times x \div 2} + x \times 4$

次の図のように，台形を直角三角形と長方形に分けます。

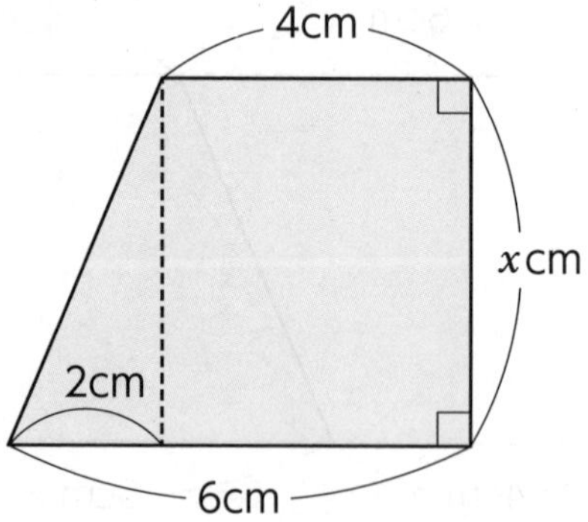

下線部＿＿＿は直角三角形の面積を，波線部～～～は長方形の面積を表しています。

よって，②の式は，台形を直角三角形と長方形に分け，それぞれの面積をたして，台形の面積を求めたことがわかります。

③ $\underline{x \times 6} - (6 - 4) \times x \div 2$

次の図のように，かげをつけた直角三角形を組み合わせて，大きな長方形をつくります。

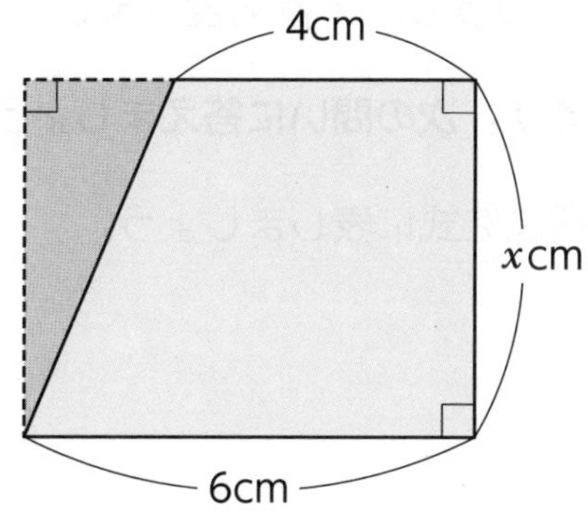

下線部＿＿＿はこの大きな長方形の面積を，波線部〜〜〜はかげをつけた直角三角形の面積を表しています。

よって，③の式は，大きな長方形の面積から直角三角形の面積をひいて，台形の面積を求めたことがわかります。

確《かく》認《にん》問題

解答 41ページ

1. 文字を使った式

1 **80個のキウイのうち，x 個を食べました。残りのキウイの個数は y 個です。次の問いに答えましょう。**

① x と y の関係を式に表しましょう。

〔　　　　　　　　　　　　　　　　〕

② x の値《あたい》が10のときに対応する y の値《あたい》を求めましょう。

〔　　　　　　〕

③ x の値《あたい》が20のときに対応する y の値《あたい》を求めましょう。

〔　　　　　　〕

2. 式が表す場面

1 **100円のりんごを x 個と，200円のグミを1個買ったところ，代金の合計は y 円になりました。次の問いに答えましょう。**

① x と y の関係を式に表しましょう。

〔　　　　　　　　　　　　　　　　〕

② y の値《あたい》が1400となる x の値《あたい》を求めましょう。

〔　　　　　　　〕

3. 式と図形

1

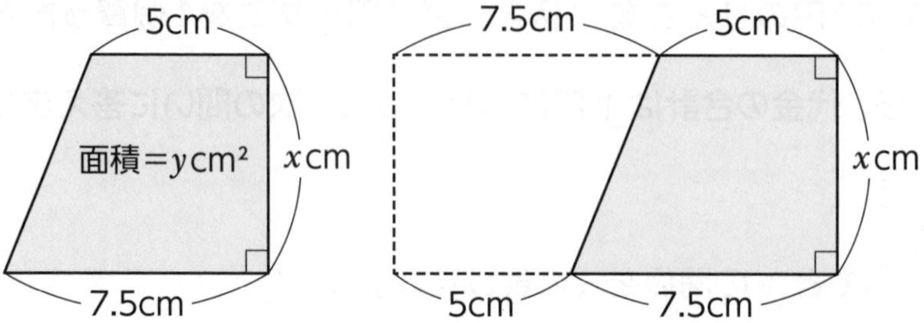

左の台形は，上底が5cm，下底が7.5cmです。高さを$x$cm，面積を$y$cm^{2}とします。また，左の台形は右の長方形の半分だということが2つの図形からわかります。

この2つの図形を参考にしながら，左の台形の面積を求める式をxとyを使って表しましょう。

〔　　　　　　　　　　　　　　　　　　　　　　〕

解 答

問題 38ページ

1. 文字を使った式

1 ① $80 - x = y$

② 70

③ 60

解説 ①（はじめにあった個数）－（食べた個数）＝（残りの個数）

2. 式が表す場面

1 ① $100 \times x + 200 = y$

② 12

解説 ②1400円から1個だけだとわかっているグミをひくと1400－200＝1200。残りは全部りんごなので，1200円÷100円＝12より，りんごは12個買われたことになります。

3. 式と図形

1 $(5 + 7.5) \times x \div 2 = y$

解説 台形の面積は，台形の面積＝（上底＋下底）×高さ÷2で求めることができます。

第3章 分数

1 分数のかけ算，わり算

1．分数×整数

1dLで$\frac{2}{5}$m^{2}のかべをぬれるペンキがあります。このペンキ3dLでは，何m^{2}のかべをぬることができますか。

まず，この問題の答えを求める式を考えましょう。

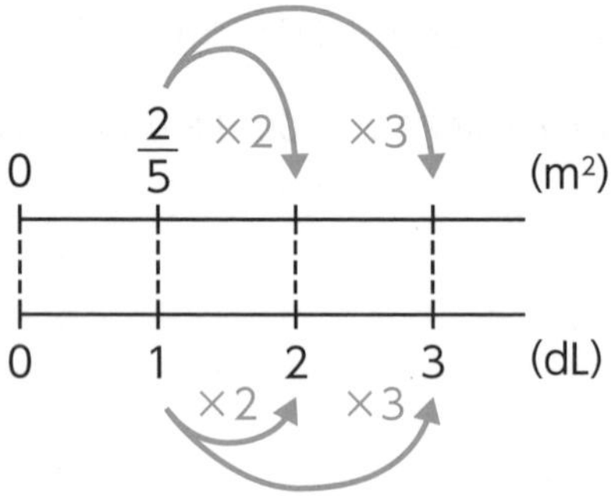

1dLでぬれる面積　→　$\frac{2}{5}$ (m^2)

2dLでぬれる面積　→　$\frac{2}{5}\times 2$ (m^2)

3dLでぬれる面積　→　$\frac{2}{5}\times 3$ (m^2)

上の図のように，ペンキの量が2倍，3倍，……になると，ぬれる面積も2倍，3倍，……になるので，この問題の答えを

求める式は　$\frac{2}{5}\times 3$　となります。

整数のときと同じように，

（1dLでぬれる面積）×（ペンキの量）＝（ぬれる面積）

ということばの式にあてはめて考えることができました。

それでは　$\frac{2}{5}\times 3$　の計算のしかたを考えましょう。

〈考え方①〉

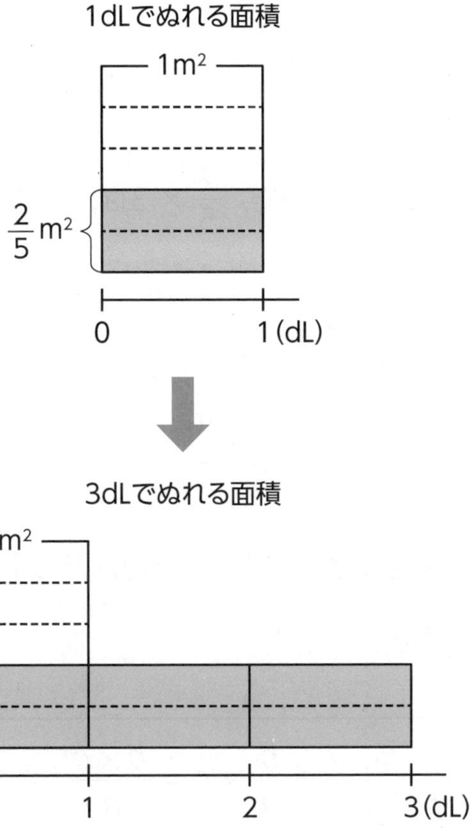

前ページの図で，1個分は$\frac{1}{5}$ m^{2}です。3dLでぬれる面積は6個分です。

したがって，

$$\begin{aligned}\frac{2}{5}\times 3 &= \frac{2\times 3}{5}\\ &= \frac{6}{5} \qquad \underline{\frac{6}{5}\,\mathrm{m}^2}\end{aligned}$$

図を使わずに，次のように考えることもできます。

〈考え方②〉

$\frac{2}{5}$は$\frac{1}{5}$の2個分なので，$\frac{2}{5}\times 3$は，$\frac{1}{5}$の(2×3)個分です。

したがって，

$$\begin{aligned}\frac{2}{5}\times 3 &= \frac{2\times 3}{5}\\ &= \frac{6}{5} \qquad \underline{\frac{6}{5}\,\mathrm{m}^2}\end{aligned}$$

分数に整数をかける計算は，分母はそのままで，分子にその整数をかけます。

$$\frac{b}{a}\times c = \frac{b\times c}{a}$$

●次のように，計算のとちゅうで約分できるときは，約分をしてから計算すると，計算が簡単《かんたん》になることが多いです。

$$\frac{5}{12}\times 4=\frac{5\times \overset{1}{\cancel{4}}}{\underset{3}{\cancel{12}}}$$

$$=\frac{5}{3}$$

2．分数÷整数

> **2dLで$\frac{6}{7}$m^{2}のかべをぬれるペンキがあります。このペンキ1dLでは，何m^{2}のかべをぬることができますか。**

まず，この問題の答えを求める式を考えましょう。

下の図のように，1dLでぬれる面積を x m^2 とします。

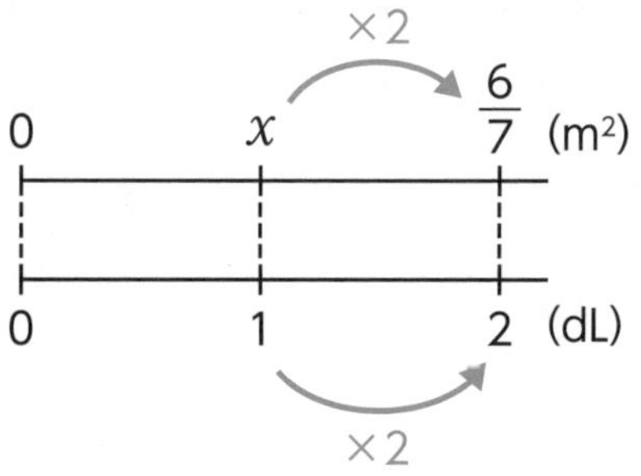

1dLでぬれる面積　→　x (m^2)

2dLでぬれる面積　→　$x\times 2$ (m^2)

ペンキの量が2倍になると，ぬれる面積も2倍になるので，2dLのペンキでぬれる面積は，$x \times 2$（m^2）と表すことができます。

$x \times 2 = \frac{6}{7}$ より，xを求める式は $\frac{6}{7} \div 2$ です。

整数のときと同じように，

(1dLでぬれる面積) × (ペンキの量) = (ぬれる面積)

⬇

(ぬれる面積) ÷ (ペンキの量) = (1dLでぬれる面積)

ということばの式にあてはめて考えることができました。

それでは $\frac{6}{7} \div 2$ の計算のしかたを考えましょう。

〈考え方①〉

1dLでぬれる面積

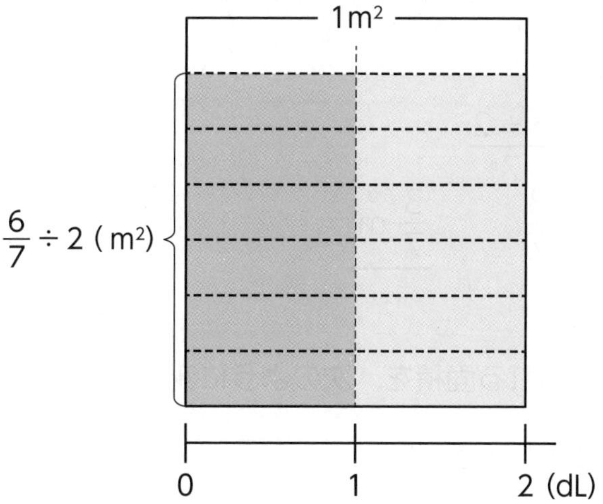

上の図で，▭ 1個分は，$\frac{1}{7\times 2}$ m^{2}です。1dLでぬれる面積は ▭ 6個分です。

したがって，

$$\frac{6}{7}\div 2=\frac{1}{7\times 2}\times 6$$
$$=\frac{6}{14}$$
$$=\frac{3}{7}$$

$\underline{\frac{3}{7}\ \mathrm{m}^2}$

図を使わずに，次のページのように考えることもできます。

〈**考え方②**〉

$\frac{6}{7}$は$\frac{1}{7}$の6個分なので，$\frac{6}{7} \div 2$は，$\frac{1}{7}$の（$6 \div 2$）個分です。

したがって，

$$\frac{6}{7} \div 2 = \frac{6 \div 2}{7}$$
$$= \frac{3}{7}$$

$\frac{3}{7}\,m^2$

ペンキの量やぬれる面積を，次のように変えました。この問題について考えましょう。

3dLで$\frac{8}{7}\,m^2$のかべをぬれるペンキがあります。このペンキ1dLでは，何m^2のかべをぬることができますか。

まず，この問題を求める式は　$\frac{8}{7} \div 3$　です。

$\frac{8}{7} \div 3$を，上の**考え方**②のように計算しようとすると，

$$8 \div 3 = 2.666\cdots$$

となり，うまくいきません。

そこで，$\frac{8}{7}$を，分子が3でわれる分数にすることを考えます。

$$\frac{8}{7} = \frac{8 \times 3}{7 \times 3}$$

したがって，

$$\frac{8}{7} \div 3 = \frac{8 \times 3}{7 \times 3} \div 3$$
$$= \frac{8 \times 3 \div 3}{7 \times 3}$$
$$= \frac{8}{7 \times 3}$$
$$= \frac{8}{21} \qquad \underline{\frac{8}{21}\,\mathrm{m}^2}$$

　このように，分数を整数でわる計算は，分子はそのままで，分母にその整数をかけます。

$$\frac{b}{a} \div c = \frac{b}{a \times c}$$

●わり算のときも，計算のとちゅうで約分することができます。

$$\frac{6}{7} \div 2 = \frac{\overset{3}{\cancel{6}}}{7 \times \underset{1}{\cancel{2}}}$$
$$= \frac{3}{7}$$

参　考

分母と分子に同じ数をかけても，分数の大きさは同じです。

$$\frac{8}{7} = \frac{8 \times 2}{7 \times 2} = \frac{8 \times 3}{7 \times 3} = \cdots$$

$\frac{16}{14} = \frac{8}{7}$　　$\frac{24}{21} = \frac{8}{7}$

確《かく》認《にん》問題　解答 53ページ

1　分数のかけ算，わり算

1．分数×整数

1 次の計算をしましょう。

①$\frac{2}{9} \times 4$　②$\frac{4}{3} \times 8$　③$\frac{3}{11} \times 2$　④$\frac{5}{6} \times 9$

⑤$\frac{11}{18} \times 9$　⑥$\frac{5}{8} \times 16$　⑦$\frac{5}{2} \times 6$　⑧$\frac{9}{4} \times 12$

〔①　②　③　④　〕

〔⑤　⑥　⑦　⑧　〕

2 かざりを1つ作るのに，$\frac{8}{15}$mのリボンを使います。このかざりを20個作るには，リボンは何m必要ですか。

〔　〕

2. 分数÷整数

1 次の計算をしましょう。

① $\frac{8}{11} \div 4$　② $\frac{9}{4} \div 3$　③ $\frac{6}{13} \div 9$　④ $\frac{5}{8} \div 10$

⑤ $\frac{9}{7} \div 8$　⑥ $\frac{3}{5} \div 2$　⑦ $\frac{4}{3} \div 5$　⑧ $\frac{7}{6} \div 6$

〔① 　② 　③ 　④ 〕

〔⑤ 　⑥ 　⑦ 　⑧ 〕

2 次の問題に答えましょう。

①ジュースが $\frac{24}{25}$ Lあります。これを20人で等分したとき，1人分は何Lになりますか。またそれは何mLですか。

〔　　L〕

〔　　mL〕

②$\frac{10}{3}$mのリボンを用意したところ，ちょうど8つのかざりを作ることができました。かざりを1つ作るのに必要となるリボンの長さは何mですか。

〔　　　　　　　　〕

3 次の問題に答えましょう。

①9枚《まい》分の大きさが$\frac{24}{7}$m^{2}の板があります。この板1枚《まい》分の大きさは何m^{2}ですか。

〔　　　　　　　　〕

②$\frac{3}{4}$kgの小麦粉が入ったふくろが15ふくろあります。全部で何kgありますか。

〔　　　　　　　　〕

③前の問いの小麦粉を6つの容器に等量ずつ分けて入れるとき，1つあたり何kgになりますか。

〔　　　　　　　　〕

解 答

問題 50ページ

1 分数のかけ算，わり算

1. 分数×整数

1 ① $\frac{8}{9}$　② $\frac{32}{3}$　③ $\frac{6}{11}$　④ $\frac{15}{2}$

⑤ $\frac{11}{2}$　⑥ 10　⑦ 15　⑧ 27

2 $\frac{32}{3}$m

2. 分数÷整数

1 ① $\frac{2}{11}$　② $\frac{3}{4}$　③ $\frac{2}{39}$　④ $\frac{1}{16}$

⑤ $\frac{9}{56}$　⑥ $\frac{3}{10}$　⑦ $\frac{4}{15}$　⑧ $\frac{7}{36}$

2 ① $\frac{6}{125}$ (L)，48 (mL)

② $\frac{5}{12}$m

3 ① $\frac{8}{21}$$m^2$

② $\frac{45}{4}$kg

③ $\frac{15}{8}$kg

2 分数どうしのかけ算

1．計算のしかた

1dLで$\frac{3}{4}$m^{2}のかべをぬれるペンキがあります。このペンキ$\frac{2}{5}$dLでは，何m^{2}のかべをぬることができますか。

まず，この問題の答えを求める式を考えましょう。

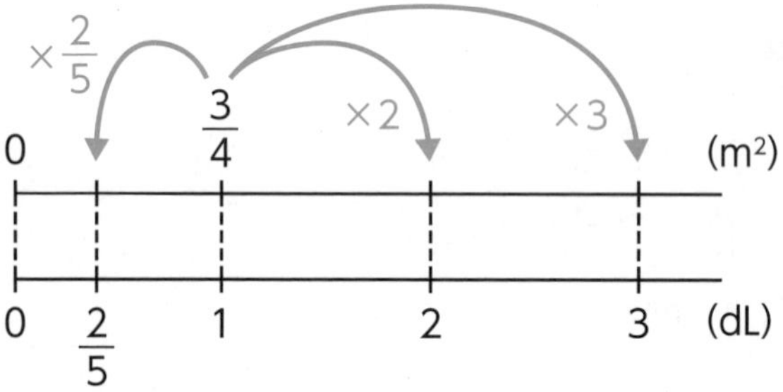

2dLでぬれる面積　→　$\frac{3}{4} \times 2 = \frac{3}{2}$ (m^2)

3dLでぬれる面積　→　$\frac{3}{4} \times 3 = \frac{9}{4}$ (m^2)

$\frac{2}{5}$dLでぬれる面積　→　$\frac{3}{4} \times \frac{2}{5}$ (m^2)

上の図のように，ペンキの量が2倍，3倍，……になると，ぬれる面積も2倍，3倍，……になります。ペンキの量が分数になっても，整数のときと同じように考えることができます。

よって，ペンキの量が $\frac{2}{5}$ 倍になると，ぬれる面積も $\frac{2}{5}$ 倍になるので，この問題の答えを求める式は　$\frac{3}{4} \times \frac{2}{5}$　となります。

それでは　$\frac{3}{4} \times \frac{2}{5}$　の計算のしかたを考えましょう。

〈考え方①〉

$\frac{2}{5}$ dLでぬれる面積

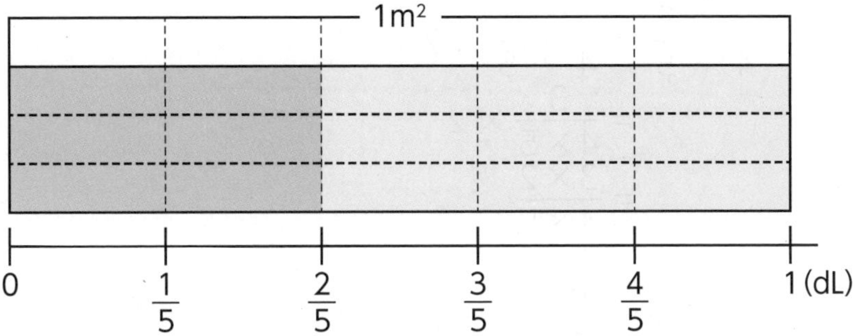

上の図で， 1個分は，$\frac{1}{4 \times 5}$ m^2 です。

$\frac{3}{4} \times \frac{2}{5}$ は，$\frac{1}{4 \times 5}$ の6個分なので，

$$\frac{3}{4} \times \frac{2}{5} = \frac{1}{4 \times 5} \times 6$$

$$= \frac{6}{4 \times 5}$$

$$= \frac{3}{10}$$

$\underline{\frac{3}{10}\ m^2}$

図を使わずに，次のページのように考えることもできます。

〈考え方②〉

まず，$\frac{1}{5}$dLでぬれる面積を求めます。

$\frac{3}{4}\times\frac{1}{5}$は，$\frac{3}{4}$を5等分した1個分なので，

$$\frac{3}{4}\times\frac{1}{5}=\frac{3}{4}\div 5$$
$$=\frac{3}{4\times5}$$

$\frac{2}{5}$dLでぬれる面積は，これを2倍すればよいので，

$$\frac{3}{4}\times\frac{2}{5}=\frac{3}{4}\times\frac{1}{5}\times 2$$
$$=\frac{3}{4\times5}\times 2$$
$$=\frac{3\times2}{4\times5}$$
$$=\frac{6}{20}$$
$$=\frac{3}{10}$$

$\frac{3}{10}$ m^2

〈考え方③〉

$\frac{2}{5}$ を整数に直して計算します。

$$\frac{3}{4} \times \frac{2}{5} = x$$

$$\downarrow \times 5 \quad \downarrow \times 5 \qquad \div 5$$

$$\frac{3}{4} \times 2 = x \times 5$$

したがって，

$$\begin{aligned}\frac{3}{4} \times \frac{2}{5} &= \frac{3}{4} \times \left(\frac{2}{5} \times 5\right) \div 5 \\ &= \frac{3}{4} \times 2 \div 5 \\ &= \frac{3 \times 2}{4 \times 5} \\ &= \frac{6}{20} \\ &= \frac{3}{10}\end{aligned}$$

$\underline{\frac{3}{10}\,\mathrm{m}^2}$

考え方②，**考え方**③の最後の式は，同じになっています。

$$\begin{aligned}\frac{3}{4} \times \frac{2}{5} &= \frac{3 \times 2}{4 \times 5} \\ &= \frac{6}{20} \\ &= \frac{3}{10}\end{aligned}$$

このように，分数どうしのかけ算では，分母どうし，分子どうしをかけます。

$$\frac{b}{a}\times\frac{d}{c}=\frac{b\times d}{a\times c}$$

●分数をかける計算でも，とちゅうで約分すると，計算が簡単《かんたん》になります。

$$\frac{3}{4}\times\frac{2}{5}=\frac{3\times\overset{1}{\cancel{2}}}{\underset{2}{\cancel{4}}\times 5}$$

$$=\frac{3}{10}$$

●分数の数が増えても，とちゅうで約分することができます。

$$\frac{7}{8}\times\frac{2}{3}\times\frac{9}{7}=\frac{\overset{1}{\cancel{7}}\times\overset{1}{\cancel{2}}\times\overset{3}{\cancel{9}}}{\underset{4}{\cancel{8}}\times\underset{1}{\cancel{3}}\times\underset{1}{\cancel{7}}}$$

$$=\frac{3}{4}$$

●かけられる数が整数のときは，整数は分母が1の分数と考えましょう。

$$5 \times \frac{4}{9} = \frac{5}{1} \times \frac{4}{9}$$
$$= \frac{20}{9}$$

●帯分数のかけ算は，帯分数を仮分数に直して計算しましょう。

$$2\frac{1}{3} \times \frac{2}{5} = \frac{7}{3} \times \frac{2}{5}$$
$$= \frac{14}{15}$$

●小数が混じったかけ算は，小数を分数に直して計算しましょう。

$$0.7 \times \frac{5}{3} = \frac{7}{10} \times \frac{5}{3}$$
$$= \frac{7}{6}$$

2．積の大きさ

かける数が整数や小数のとき，かけられる数と積の大きさの関係は，次のとおりでした。

かける数が１より大きいとき　…　積 ＞ かけられる数

かける数が１のとき　…　積 ＝ かけられる数

かける数が１より小さいとき　…　積 ＜ かけられる数

この関係は，かける数が分数のときにも成り立ちます。次の計算をして，このことを確かめましょう。

かける数が１より大きいとき

$$60 \times \frac{7}{3} = 140 \quad (140 > 60)$$

$$60 \times 1\frac{3}{5} = 96 \quad (96 > 60)$$

かける数が分数でも，積はかけられる数より大きくなりました。

かける数が１より小さいとき

$$60 \times \frac{1}{6} = 10 \quad (10 < 60)$$

$$60 \times \frac{9}{10} = 54 \quad (54 < 60)$$

かける数が分数でも，積はかけられる数より小さくなりました。

この関係を理解していると，次のように，計算をせずに，数の大小関係がわかることがあります。

$$60 \times \frac{7}{3} > 60 \times \frac{9}{10}$$

1より大きい　　1より小さい

$$60 \times \frac{9}{10} < 60 \times 1\frac{3}{5}$$

1より小さい　　1より大きい

3．いろいろな分数のかけ算

①図形と分数

図形の辺の長さが分数のときでも，面積や体積の公式を使うことができます。

公式にあてはめて求めた答えと，図や小数を使って求めた答えが同じになることを確かめましょう。

縦《たて》$\frac{4}{5}$ m，横 $\frac{2}{3}$ mの長方形の面積は何m^2ですか。

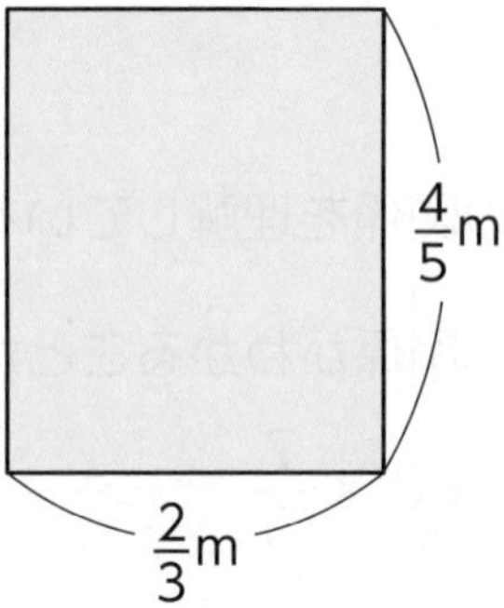

長方形の面積を求める公式は　縦《たて》×横　なので，これにあてはめて，

$$\frac{4}{5} \times \frac{2}{3} = \frac{8}{15} \qquad \underline{\frac{8}{15}\,m^2}$$

右の図で，縦《たて》$\frac{4}{5}$ m，横 $\frac{2}{3}$ mの長方形は青い部分です。

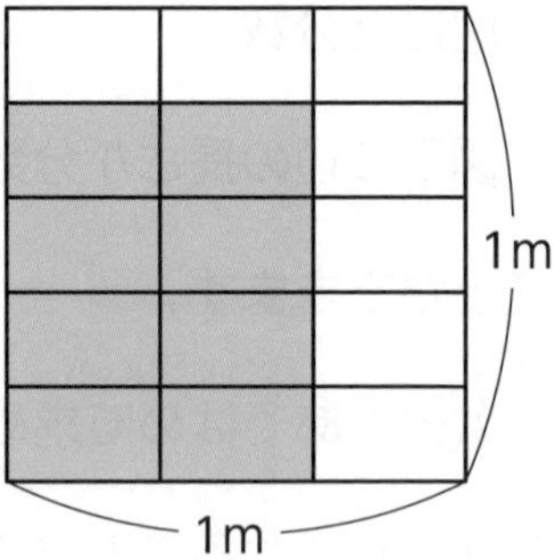

 1個分の面積は，$\frac{1}{5 \times 3}\,m^2$

なので，青い部分全体の面積は，

$$\frac{1}{5 \times 3} \times 8 = \frac{8}{15} \qquad \underline{\frac{8}{15}\,m^2}$$

面積の公式を使って求めた答えと同じになりました。

縦《たて》$\frac{3}{2}$m，横$\frac{1}{2}$m，高さ$\frac{4}{5}$mの直方体の体積は何m^3ですか。

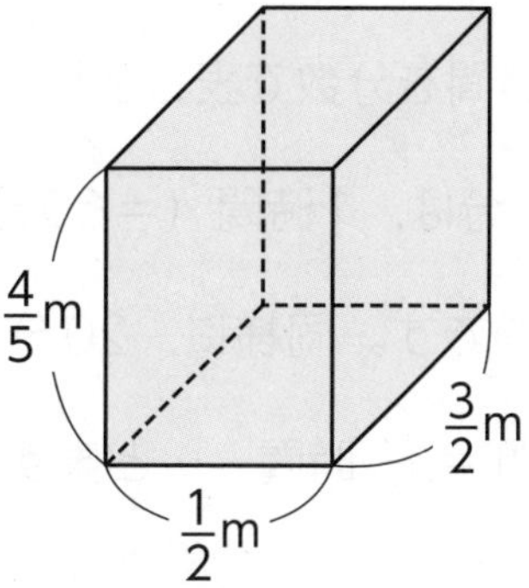

直方体の体積を求める公式は　縦《たて》×横×高さ　なので，これにあてはめて，

$$\frac{3}{2}\times\frac{1}{2}\times\frac{4}{5}=\frac{3}{5}\qquad\underline{\frac{3}{5}\,\mathrm{m}^3}$$

それぞれの辺の長さを小数に直すと，

縦《たて》…$\frac{3}{2}$m＝1.5m，横…$\frac{1}{2}$m＝0.5m，高さ…$\frac{4}{5}$m＝0.8m

よって，体積は，

$$1.5\times0.5\times0.8=0.6\qquad\underline{0.6\,\mathrm{m}^3}$$

0.6＝$\frac{3}{5}$より，体積の公式を使って求めた答えと同じになりました。

②時間と分数

時間を分数で表しましょう。

1分は，1時間（＝60分）を60等分した1個分なので，$\frac{1}{60}$時間です。同様に，20分 $= \frac{20}{60}$ 時間 $= \frac{1}{3}$ 時間，45分 $= \frac{45}{60}$ 時間 $= \frac{3}{4}$ 時間，…と表すことができます。

$$x\text{分} = \frac{x}{60}\text{時間}$$

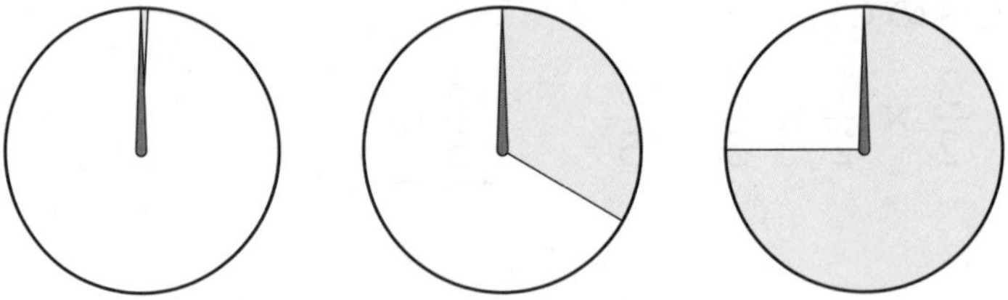

1分$=\frac{1}{60}$時間　　20分$=\frac{1}{3}$時間　　45分$=\frac{3}{4}$時間

また，分数で表された時間は，次のように分に直すことができます。

$\frac{2}{3}$時間は何分ですか。

$$\begin{array}{ccc} & \times\frac{2}{3} & \\ 1\text{時間} & \longrightarrow & \frac{2}{3}\text{時間} \\ \| & & \| \\ 60\text{分} & \longrightarrow & x\text{分} \\ & \times\frac{2}{3} & \end{array}$$

したがって，$\frac{2}{3}$時間は，

$60 \times \frac{2}{3} = 40$　　　40分

時間を分数に表すと，次のように，単位変換《へんかん》が必要な速さの問題を解くことができます。

時速28kmで15分進みました。進んだ道のりは何kmですか。

15分 $= \frac{15}{60}$時間 $= \frac{1}{4}$時間だから　道のり＝速さ×時間　の公式にあてはめて，

$28 \times \frac{1}{4} = 7$　　　7km

4．割合《わりあい》

右の表は，青，白，黒の3本のテープの長さをまとめたものです。白のテープの長さの $\frac{3}{4}$ 倍になっているのは，青，黒，どちらのテープですか。

青	22cm
白	16cm
黒	12cm

白のテープの $\frac{3}{4}$ 倍の長さは，

$$16 \times \frac{3}{4} = 12\,(\text{cm})$$

よって，白のテープの長さの $\frac{3}{4}$ 倍になっているのは黒のテープです。

次の図のように，黒のテープの長さは，白のテープの長さを1としたときの $\frac{3}{4}$ にあたる大きさになっています。

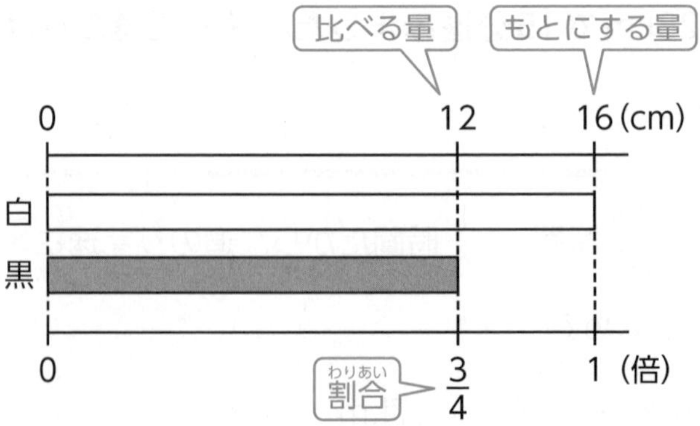

また，青のテープが白のテープの長さの $\frac{3}{4}$ 倍になっていないことは，次のように，計算をしなくてもわかります。

$\frac{3}{4}$ は1より小さいので　$16 \times \frac{3}{4}$　の計算の結果は，16より小さくなります。青のテープは白のテープよりも長いので，白のテープの長さの $\frac{3}{4}$ 倍ではありません。

白のテープの長さを1としたときの青のテープの長さは，

$$22 \div 16 = \frac{11}{8}$$

より，$\frac{11}{8}$ にあたる大きさになっています。

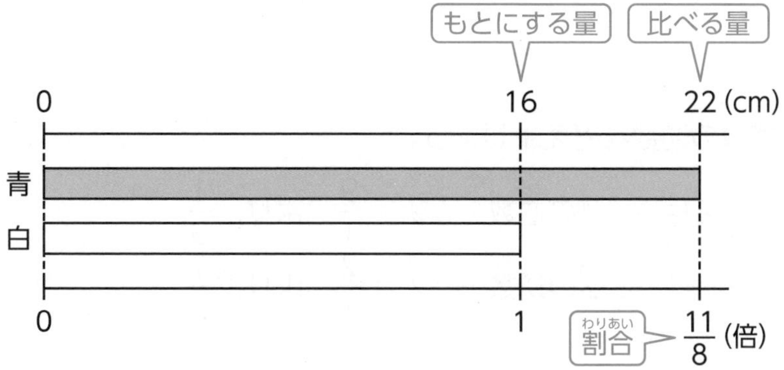

5．逆数

2つの数の積が1になるとき，一方の数をもう一方の数の**逆数**といいます。

たとえば，

$\frac{4}{7}$ の逆数…　$\frac{4}{7} \times \frac{7}{4} = 1$　より，$\frac{7}{4}$

$\frac{5}{2}$ の逆数…　$\frac{5}{2} \times \frac{2}{5} = 1$　より，$\frac{2}{5}$

このように，分数の逆数は，分母と分子を入れかえた分数になります。

$$\frac{b}{a} \rightleftarrows \frac{a}{b}$$

整数の逆数を考えましょう。

たとえば，　9の逆数…　$9 = \frac{9}{1}$　より，$\frac{1}{9}$

2の逆数…　$2 = \frac{2}{1}$　より，$\frac{1}{2}$

小数の逆数を考えましょう。

たとえば，　2.7 の逆数…　$2.7 = \frac{27}{10}$　より，$\frac{10}{27}$

0.8 の逆数…　$0.8 = \frac{4}{5}$　より，$\frac{5}{4}$

0.03の逆数…　$0.03 = \frac{3}{100}$　より，$\frac{100}{3}$

6．計算のきまり

整数や小数のとき，次のような計算のきまりがありました。

① $a+b=b+a$

② $(a+b)+c=a+(b+c)$

③ $a \times b=b \times a$

④ $(a \times b) \times c=a \times (b \times c)$

⑤ $(a+b) \times c=a \times c+b \times c$

⑥ $(a-b) \times c=a \times c-b \times c$

この関係は，分数の計算のときにも成り立ちます。

a に $\frac{1}{2}$，b に $\frac{1}{3}$，c に $\frac{1}{6}$ をあてはめて，このことを確かめましょう。

① $a+b=b+a$

$$a+b=\frac{1}{2}+\frac{1}{3}=\frac{3}{6}+\frac{2}{6}=\frac{5}{6}$$

$$b+a=\frac{1}{3}+\frac{1}{2}=\frac{2}{6}+\frac{3}{6}=\frac{5}{6}$$

式の左側と右側が同じになりました。

② $(a+b)+c=a+(b+c)$

$$(a+b)+c=\left(\frac{1}{2}+\frac{1}{3}\right)+\frac{1}{6}=\left(\frac{3}{6}+\frac{2}{6}\right)+\frac{1}{6}=1$$

$$a+(b+c)=\frac{1}{2}+\left(\frac{1}{3}+\frac{1}{6}\right)=\frac{3}{6}+\left(\frac{2}{6}+\frac{1}{6}\right)=1$$

式の左側と右側が同じになりました。

このきまりを使うと，次のような式を工《く》夫《ふう》して計算することができます。

$$\frac{3}{7}+\left(\frac{4}{7}+\frac{1}{2}\right)=\left(\frac{3}{7}+\frac{4}{7}\right)+\frac{1}{2}$$

$$=1+\frac{1}{2}$$

$$=\frac{3}{2}$$

③ $a\times b=b\times a$

$$a\times b=\frac{1}{2}\times\frac{1}{3}=\frac{1}{6}$$

$$b\times a=\frac{1}{3}\times\frac{1}{2}=\frac{1}{6}$$

式の左側と右側が同じになりました。

④ $(a\times b)\times c=a\times(b\times c)$

$$(a\times b)\times c=\left(\frac{1}{2}\times\frac{1}{3}\right)\times\frac{1}{6}=\frac{1}{6}\times\frac{1}{6}=\frac{1}{36}$$

$$a\times(b\times c)=\frac{1}{2}\times\left(\frac{1}{3}\times\frac{1}{6}\right)=\frac{1}{2}\times\frac{1}{18}=\frac{1}{36}$$

式の左側と右側が同じになりました。

このきまりを使うと，次のような式を工夫《くふう》して計算することができます。

$$
\begin{aligned}
\left(\frac{1}{4}\times\frac{5}{9}\right)\times\frac{9}{5} &= \frac{1}{4}\times\left(\frac{5}{9}\times\frac{9}{5}\right)\\
&= \frac{1}{4}\times 1\\
&= \frac{1}{4}
\end{aligned}
$$

⑤　$(a+b)\times c = a\times c + b\times c$

$$
(a+b)\times c = \left(\frac{1}{2}+\frac{1}{3}\right)\times\frac{1}{6} = \frac{5}{6}\times\frac{1}{6} = \frac{5}{36}
$$

$$
\begin{aligned}
a\times c + b\times c &= \frac{1}{2}\times\frac{1}{6}+\frac{1}{3}\times\frac{1}{6} = \frac{1}{12}+\frac{1}{18}\\
&= \frac{5}{36}
\end{aligned}
$$

式の左側と右側が同じになりました。

このきまりを使うと，次のような式を工夫《くふう》して計算することができます。

$$
\begin{aligned}
\left(\frac{5}{7}+\frac{2}{3}\right)\times 21 &= \frac{5}{7}\times 21+\frac{2}{3}\times 21\\
&= 15+14\\
&= 29
\end{aligned}
$$

⑥ $(a-b)\times c=a\times c-b\times c$

$$(a-b)\times c=\left(\frac{1}{2}-\frac{1}{3}\right)\times\frac{1}{6}=\frac{1}{6}\times\frac{1}{6}=\frac{1}{36}$$

$$a\times c-b\times c=\frac{1}{2}\times\frac{1}{6}-\frac{1}{3}\times\frac{1}{6}=\frac{1}{12}-\frac{1}{18}$$

$$=\frac{1}{36}$$

式の左側と右側が同じになりました。

このきまりを使うと，次のような式を工夫《くふう》して計算することができます。

$$25\times\frac{5}{6}-7\times\frac{5}{6}=(25-7)\times\frac{5}{6}$$

$$=18\times\frac{5}{6}$$

$$=15$$

確《かく》認《にん》問題

解答 81ページ

2 分数どうしのかけ算

1. 計算のしかた

1 次の計算をしましょう。

① $\dfrac{2}{9} \times \dfrac{2}{5}$　　② $\dfrac{4}{7} \times \dfrac{3}{4}$

③ $\dfrac{5}{6} \times \dfrac{2}{7}$　　④ $\dfrac{14}{9} \times \dfrac{3}{7}$

⑤ $\dfrac{6}{5} \times \dfrac{2}{3}$　　⑥ $\dfrac{9}{8} \times \dfrac{5}{7}$

⑦ $\dfrac{7}{3} \times \dfrac{5}{9}$　　⑧ $\dfrac{13}{5} \times \dfrac{2}{9}$

〔①　　②　　③　　④　　〕

〔⑤　　⑥　　⑦　　⑧　　〕

2 次の計算をしましょう。

① $\frac{2}{3}\times\frac{4}{5}\times\frac{6}{7}$

② $\frac{5}{6}\times\frac{3}{8}\times\frac{7}{3}$

③ $\frac{2}{9}\times\frac{3}{5}\times\frac{1}{4}$

④ $\frac{1}{2}\times\frac{4}{9}\times\frac{2}{3}\times\frac{6}{11}$

⑤ $\frac{2}{5}\times\frac{5}{8}\times\frac{13}{7}\times\frac{4}{3}$

〔① ② ③ 〕

〔④ ⑤ 〕

3 次の計算をしましょう。

① $3 \times \frac{2}{9}$　　② $2 \times \frac{3}{7}$

③ $\frac{5}{7} \times \frac{13}{8}$　　④ $\frac{21}{4} \times \frac{2}{9}$

⑤ $1\frac{3}{5} \times \frac{5}{6}$　　⑥ $4\frac{1}{2} \times \frac{3}{4}$

⑦ $2\frac{7}{9} \times 1\frac{2}{5}$　　⑧ $3\frac{2}{7} \times 2\frac{4}{5}$

⑨ $4\frac{2}{3} \times 1\frac{1}{5}$　　⑩ $2\frac{4}{9} \times 2\frac{1}{4}$

〔① 　② 　③ 　④ 〕

〔⑤ 　⑥ 　⑦ 　⑧ 〕

〔⑨ 　⑩ 〕

4 次の計算をしましょう。

① $0.3 \times \frac{3}{5}$　　② $0.5 \times \frac{1}{4}$

③ $2.4 \times \frac{5}{8}$　　④ $\frac{4}{7} \times 2.1$

⑤ $\frac{2}{9} \times 1.4$　　⑥ $\frac{3}{2} \times 2.5$

⑦ $3.5 \times 3\frac{3}{7}$　　⑧ $1.8 \times 2\frac{2}{9} \times \frac{5}{4}$

⑨ $1\frac{2}{5} \times 4.3 \times \frac{5}{7}$

〔① 　　② 　　③ 　　〕

〔④ 　　⑤ 　　⑥ 　　〕

〔⑦ 　　⑧ 　　⑨ 　　〕

2. 積の大きさ

1 ［　　　］に，適切なことばや記号を入れましょう。

(1)②，(2)②は，それぞれ㋐～㋕からあてはまるものをすべて選びましょう。

㋐ $50 \times \frac{3}{7}$	㋑ $50 \times \frac{8}{5}$	㋒ $50 \times \frac{3}{13}$
㋓ 50×1	㋔ $50 \times \frac{11}{2}$	㋕ $50 \times \frac{3}{17}$

(1) 積が50以上となるのは，かける数が［　①　］のときです。よって，積が50以上となる式は［　②　］です。

〔①　　　　　　　　　　　〕

〔②　　　　　　　　　　　〕

(2) 積が50以下となるのは，かける数が［　①　］のときです。よって，積が50以下となる式は［　②　］です。

〔①　　　　　　　　　　　〕

〔②　　　　　　　　　　　〕

3.　いろいろな分数のかけ算

1 次の問題に答えましょう。

①縦《たて》$\frac{3}{7}$m，横$\frac{5}{13}$mの長方形の面積は何m^2ですか。

〔　　　　　　　　〕m^2

②底辺$\frac{5}{11}$m，高さ$1\frac{3}{8}$mの三角形の面積は何m^2ですか。

〔　　　　　　　　〕m^2

③縦《たて》$\frac{3}{4}$m，横$3\frac{1}{5}$m，高さ$\frac{15}{8}$mの直方体の体積は何m^3ですか。

〔　　　　　　　　〕m^3

2 次の問題に答えましょう。

①時速25kmで18分進みました。進んだ道のりは何kmですか。

〔　　　　　　　　〕km

②1時間で45m^3散水できるホースで，40分間散水しました。散水した水の体積は何m^3ですか。

〔　　　　　　　　〕m^3

3 下の表は，赤，白，青，黄の4本のリボンの長さをまとめたものです。白のリボンの長さの $\frac{4}{5}$ 倍になっているのは，赤，青，黄のうち，どのリボンですか。

赤	白	青	黄
16cm	20cm	25cm	12cm

〔　　　　　　　　　　〕

4 次の数の逆数を答えましょう。

① 7　② $\frac{3}{10}$　③ $\frac{11}{5}$

④ 8.6　⑤ 0.32

〔①　　　　②　　　　③　　　　〕

〔④　　　　⑤　　　　〕

5 69ページにのっている，計算のきまり①〜⑥について，a に $\frac{1}{4}$，b に $\frac{3}{5}$，c に $\frac{2}{3}$ をあてはめて確かめましょう。

解 答

問題 73ページ

2 分数どうしのかけ算

1. 計算のしかた

1 ① $\frac{4}{45}$　② $\frac{3}{7}$　③ $\frac{5}{21}$　④ $\frac{2}{3}$　⑤ $\frac{4}{5}$　⑥ $\frac{45}{56}$　⑦ $\frac{35}{27}$　⑧ $\frac{26}{45}$

2 ① $\frac{16}{35}$　② $\frac{35}{48}$　③ $\frac{1}{30}$　④ $\frac{8}{99}$　⑤ $\frac{13}{21}$

3 ① $\frac{2}{3}$　② $\frac{6}{7}$　③ $\frac{65}{56}$　④ $\frac{7}{6}$　⑤ $\frac{4}{3}$

⑥ $\frac{27}{8}$　⑦ $\frac{35}{9}$　⑧ $\frac{46}{5}$　⑨ $\frac{28}{5}$　⑩ $\frac{11}{2}$

4 ① $\frac{9}{50}$　② $\frac{1}{8}$　③ $\frac{3}{2}$　④ $\frac{6}{5}$　⑤ $\frac{14}{45}$　⑥ $\frac{15}{4}$

⑦12　⑧5　⑨4.3

2. 積の大きさ

1 (1) ①1以上　②㋑，㋓，㋔

(2) ①1以下　②㋐，㋒，㋓，㋕

3. いろいろな分数のかけ算

1 ① $\frac{15}{91}$ (m^2)　② $\frac{5}{16}$ (m^2)　③ $\frac{9}{2}$ (m^3)

2 ① $\frac{15}{2}$ (km)　②30 (m^3)

3 赤

解説 白の長さ (= 20cm) に $\frac{4}{5}$ をかけることにより，$20 \times \frac{4}{5} = 16$ (cm) と求められるので，答えは赤となります。

4 ① $\frac{1}{7}$　② $\frac{10}{3}$　③ $\frac{5}{11}$　④ $\frac{5}{43}$　⑤ $\frac{25}{8}$

5 略

3 分数どうしのわり算

1．計算のしかた

$\frac{3}{4}$ dLのペンキで $\frac{3}{5}$ m^{2}のかべをぬれます。
このペンキ1dLでは，何 m^{2}のかべをぬることができますか。

まず，この問題の答えを求める式を考えましょう。

下の図のように，1dLでぬれる面積をx m^{2}とします。

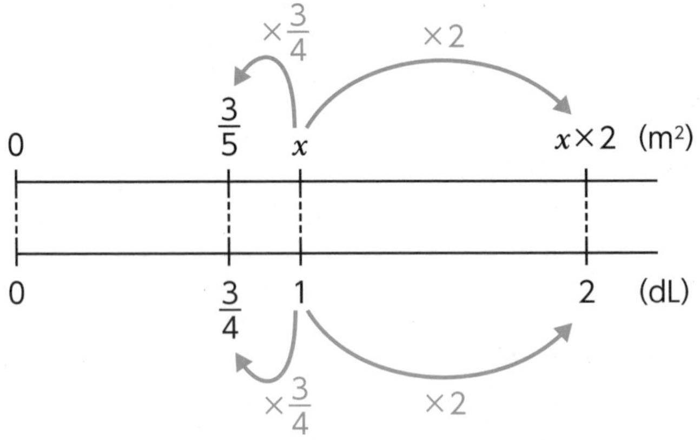

1dLでぬれる面積　→　x (m^2)

2dLでぬれる面積　→　$x\times2$ (m^2)

$\frac{3}{4}$ dLでぬれる面積　→　$x\times\frac{3}{4}$ (m^2)

ペンキの量が $\frac{3}{4}$ 倍になると，ぬれる面積も $\frac{3}{4}$ 倍になるので，$\frac{3}{4}$ dLのペンキでぬれる面積は，$x \times \frac{3}{4}$ (m^2) と表すことができます。

$x \times \frac{3}{4} = \frac{3}{5}$ より，xを求める式は，$\frac{3}{5} \div \frac{3}{4}$ です。

それでは $\frac{3}{5} \div \frac{3}{4}$ の計算のしかたを考えましょう。

〈考え方①〉

まず，$\frac{1}{4}$dL でぬれる面積を求めます。

次の図のように，$\frac{1}{4}$dL でぬれる面積は，

$$\frac{3}{5} \div 3 = \frac{3}{5 \times 3}$$

$$= \frac{1}{5}\ (\mathrm{m}^2)$$

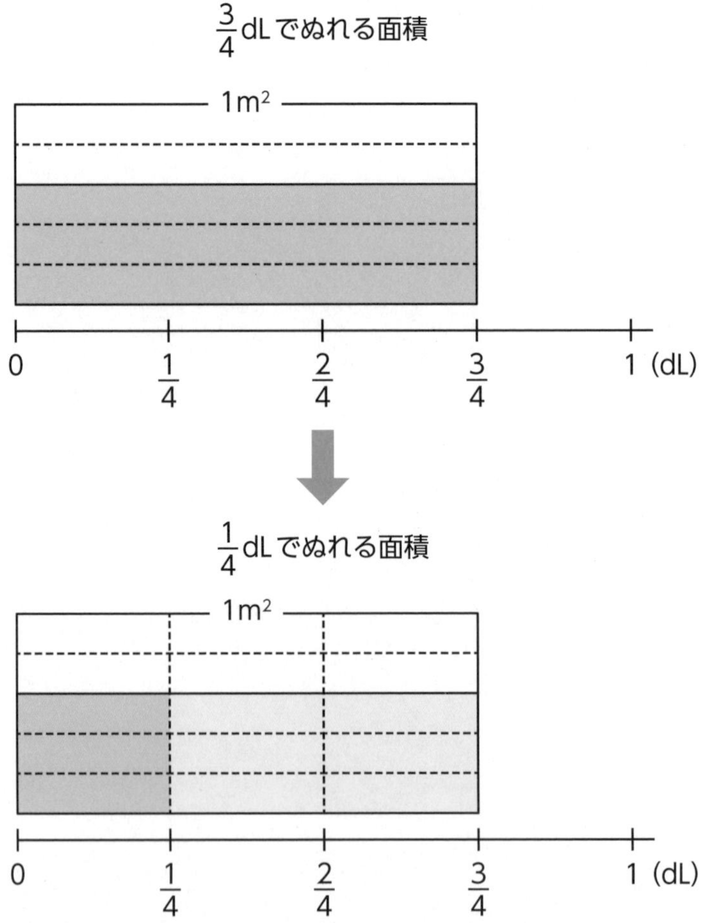

よって，1dLでぬれる面積は，次の図のように，$\frac{1}{4}$dLでぬれる面積を4倍して，

$$\frac{1}{5} \times 4 = \frac{4}{5} \qquad \underline{\frac{4}{5}\,\mathrm{m}^2}$$

1dLでぬれる面積

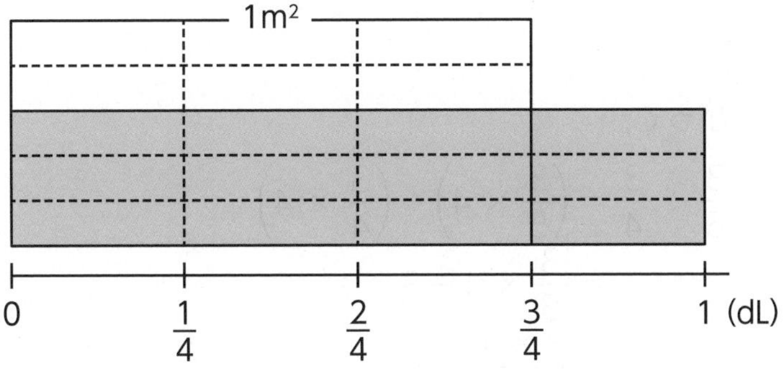

図を使わずに，次のページのように考えることもできます。

〈考え方②〉

$\dfrac{3}{4}$ を整数に直して計算します。

$$\frac{3}{5} \div \frac{3}{4} = x$$

×4　×4　同じ

$$\left(\frac{3}{5} \times 4\right) \div 3 = x$$

したがって，

$$\begin{aligned}\frac{3}{5} \div \frac{3}{4} &= \left(\frac{3}{5} \times 4\right) \div \left(\frac{3}{4} \times 4\right)\\ &= \frac{3}{5} \times 4 \div 3\\ &= \frac{3 \times 4}{5} \div 3\\ &= \frac{3 \times 4}{5 \times 3}\\ &= \frac{12}{15}\\ &= \frac{4}{5}\end{aligned}$$

$\underline{\dfrac{4}{5}\,\mathrm{m}^2}$

〈考え方③〉

わる数が 1 になるようにして計算します。

$$\frac{3}{5} \div \frac{3}{4} = x$$

$$\downarrow \times \frac{4}{3} \qquad \downarrow \times \frac{4}{3}$$

$$\left(\frac{3}{5} \times \frac{4}{3}\right) \div 1 = x$$

同じ

したがって,

$$\begin{aligned}
\frac{3}{5} \div \frac{3}{4} &= \left(\frac{3}{5} \times \frac{4}{3}\right) \div \left(\frac{3}{4} \times \frac{4}{3}\right) \\
&= \frac{3}{5} \times \frac{4}{3} \div 1 \\
&= \frac{3 \times 4}{5 \times 3} \\
&= \frac{12}{15} \\
&= \frac{4}{5}
\end{aligned}$$

$\underline{\frac{4}{5}\,\mathrm{m}^2}$

考え方②，**考え方③**の最後の式は，同じになっています。

$$\frac{3}{5} \div \frac{3}{4} = \frac{3 \times 4}{5 \times 3} = \frac{12}{15} = \frac{4}{5}$$

このように，分数のわり算では，わる数の逆数をかけます。

$$\frac{b}{a} \div \frac{d}{c} = \frac{b}{a} \times \frac{c}{d} = \frac{b \times c}{a \times d}$$

参　考

わり算では，わられる数とわる数に同じ数をかけると，計算の結果は，もとの式を計算した結果と同じになります。

10 ÷ 2 = 5

↓×10　↓×10　（同じ）

100 ÷ 20 = 5

3.2 ÷ 0.04 = 80

↓×100　↓×100　（同じ）

320 ÷ 4 = 80

●分数のかけ算のときと同じように，とちゅうで約分すると，計算が簡単《かんたん》になります。

$$\frac{3}{5}\div\frac{3}{4}=\frac{\overset{1}{\cancel{3}}\times 4}{5\times\underset{1}{\cancel{3}}}$$

$$=\frac{4}{5}$$

●帯分数のわり算は，帯分数を仮分数に直して計算しましょう。

$$1\frac{3}{4}\div\frac{2}{3}=\frac{7}{4}\times\frac{3}{2}$$

$$=\frac{21}{8}$$

●わられる数が整数のときは，整数は分母が１の分数と考えましょう。

$$5\div\frac{2}{9}=\frac{5}{1}\times\frac{9}{2}$$

$$=\frac{45}{2}$$

●小数が混じったかけ算は，小数を分数に直して計算しましょう。

$$0.9 \div \frac{2}{3} = \frac{9}{10} \times \frac{3}{2}$$
$$= \frac{27}{20}$$

●整数，小数，分数が混じったかけ算やわり算は，小数や整数を分数に表し，わる数を逆数にすると，分数のかけ算だけの式にすることができます。

$$0.9 \times 5 \div \frac{3}{5} = \frac{\overset{3}{\cancel{9}} \times \overset{1}{\cancel{5}} \times 5}{\underset{2}{\cancel{10}} \times 1 \times \underset{1}{\cancel{3}}}$$
$$= \frac{15}{2}$$

2．商の大きさ

わる数が整数や小数のとき，わられる数と商の大きさの関係は，次のとおりでした。

わる数が１より大きいとき	…	商＜わられる数
わる数が１のとき	…	商＝わられる数
わる数が１より小さいとき	…	商＞わられる数

この関係は，わる数が分数のときにも成り立ちます。次の計算をして，このことを確かめましょう。

わる数が１より大きいとき

$$60 \div \frac{3}{2} = 40 \quad (40 < 60)$$

$$60 \div 2\frac{2}{5} = 25 \quad (25 < 60)$$

わる数が分数でも，商はわられる数より小さくなりました。

わる数が１より小さいとき

$$60 \div \frac{1}{2} = 120 \quad (120 > 60)$$

$$60 \div \frac{4}{5} = 75 \quad (75 > 60)$$

わる数が分数でも，商はわられる数より大きくなりました。

この関係を理解していると，次のように，計算をせずに，数の大小関係がわかることがあります。

$$60 \div \frac{3}{2} \quad < \quad 60 \div \frac{4}{5}$$

1より大きい　　1より小さい

$$60 \div \frac{1}{2} \quad > \quad 60 \div 2\frac{2}{5}$$

1より小さい　　1より大きい

3．分数のわり算を使った問題

いろいろな数量が分数になっている問題を解きましょう。

整数や小数のときと同じように考えます。

右の図は，底辺が $\frac{8}{7}$ cm，高さが $\frac{9}{4}$ cmの三角形です。この三角形の面積は何 cm^2 ですか。

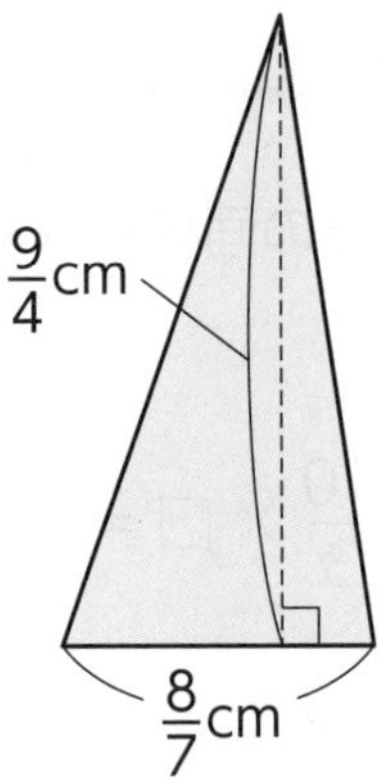

三角形の面積を求める公式は　底辺×高さ÷2　なので，これにあてはめて，

$$\frac{8}{7}\times\frac{9}{4}\div 2=\frac{8}{7}\times\frac{9}{4}\times\frac{1}{2}$$
$$=\frac{9}{7}\qquad \underline{\frac{9}{7}\ cm^2}$$

右の図は，縦《たて》の長さが $\frac{10}{3}$ cm の長方形です。この長方形の面積は8 cm^2 です。□にあてはまる数を求めましょう。

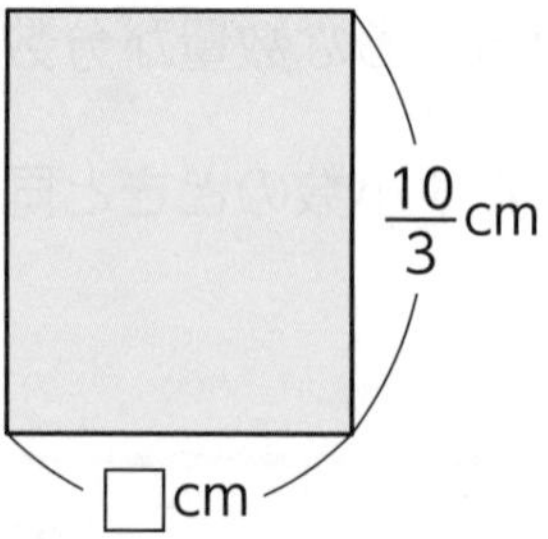

長方形の面積を求める公式は　縦《たて》×横　なので，これにあてはめて，

$$\frac{10}{3} \times \square = 8$$

よって，

$$\begin{aligned}\square &= 8 \div \frac{10}{3}\\ &= 8 \times \frac{3}{10}\\ &= \frac{12}{5} \qquad \underline{\frac{12}{5}}\end{aligned}$$

$\frac{5}{6}$ mの重さが $\frac{15}{8}$ kgである鉄の棒《ぼう》があります。この棒《ぼう》の重さが1kgのときの長さは何mですか。

下の図のように，1kgのときの長さを x mとすると，

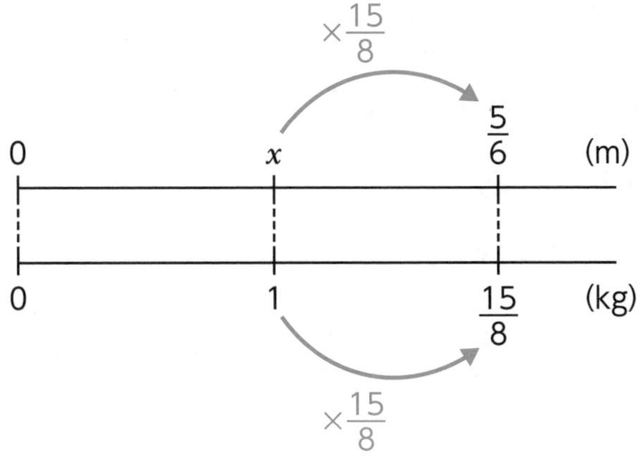

$$x \times \frac{15}{8} = \frac{5}{6}$$

よって，

$$\begin{aligned} x &= \frac{5}{6} \div \frac{15}{8} \\ &= \frac{5}{6} \times \frac{8}{15} \\ &= \frac{4}{9} \end{aligned}$$

<u>$\frac{4}{9}$ m</u>

ゆりさんのお兄さんは，42kmのマラソンを4時間40分で走りました。ゆりさんのお兄さんの走る速さは時速何kmですか。

4時間40分＝$4\frac{40}{60}$時間＝$\frac{14}{3}$時間です。

速さ＝道のり÷時間　なので，

これにあてはめて，

$$42 \div \frac{14}{3} = 42 \times \frac{3}{14}$$

$$= 9$$

時速9km

4．割合《わりあい》

右の表は，青，白，黒の３本のテープの長さをまとめたものです。
白のテープと黒のテープの長さは，それぞれ青のテープの長さの何倍ですか。

青	$\frac{5}{3}$ m
白	$\frac{10}{9}$ m
黒	2 m

白のテープ

次の図のように，

$$\frac{5}{3} \times x = \frac{10}{9}$$

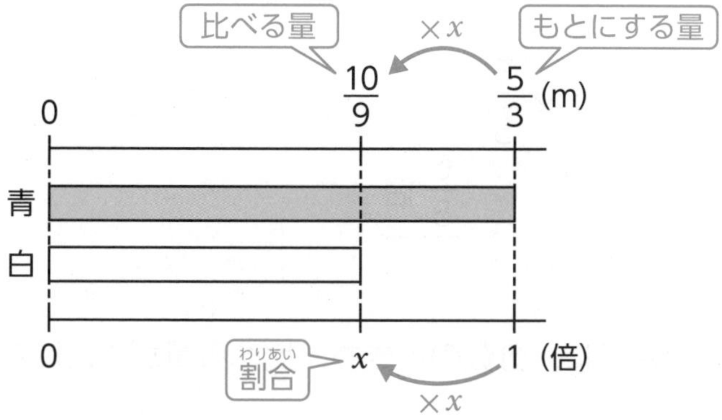

よって，

$$\begin{aligned} x &= \frac{10}{9} \div \frac{5}{3} \\ &= \frac{10}{9} \times \frac{3}{5} \\ &= \frac{2}{3} \end{aligned}$$

$\frac{2}{3}$倍

黒のテープ

次の図のように，

$$\frac{5}{3} \times y = 2$$

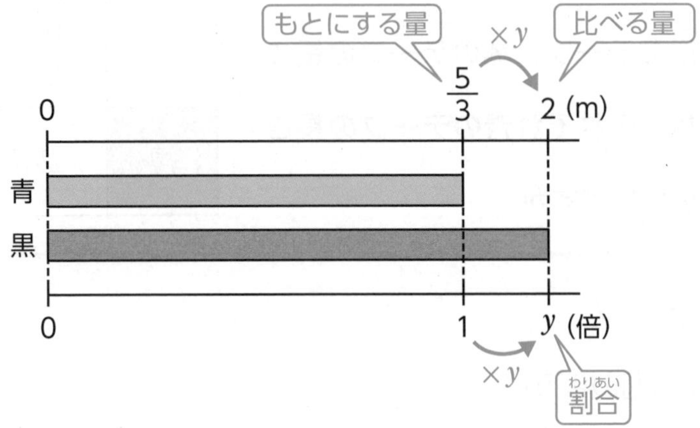

よって，

$$\begin{aligned} y &= 2 \div \frac{5}{3} \\ &= 2 \times \frac{3}{5} \\ &= \frac{6}{5} \end{aligned}$$

$\frac{6}{5}$倍

このように，分数のときも，比べる量がもとにする量の何倍になっているかを求めるときは，わり算を使います。

割合《わりあい》 ＝ 比べる量 ÷ もとにする量

青のテープの長さは12mです。この長さは，白のテープの長さの $\frac{4}{7}$ 倍です。

白のテープの長さは何mですか。

次の図のように，

$$x \times \frac{4}{7} = 12$$

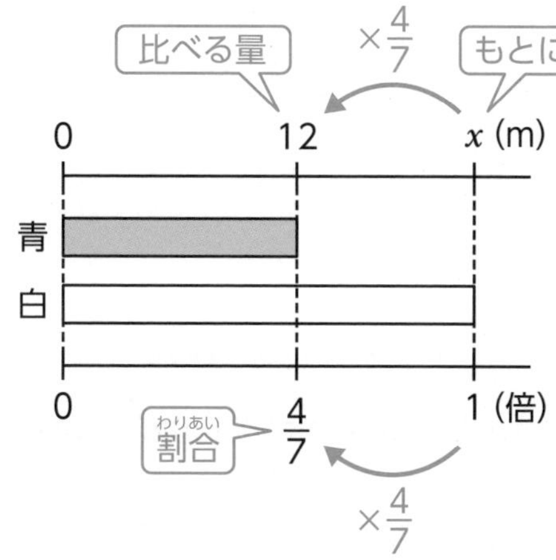

よって，

$$\begin{aligned} x &= 12 \div \frac{4}{7} \\ &= 12 \times \frac{7}{4} \\ &= 21 \end{aligned}$$

<u>21m</u>

このように，分数のときも，もとにする量を求めるときは，わり算を使って求めます。

もとにする量＝比べる量÷割合《わりあい》

参 考

百分率，歩合《ぶあい》，割合《わりあい》を表す小数，割合《わりあい》を表す分数の関係は，次の表のようになっています。

百分率	1%	10%	20%	25%	50%	60%
歩合《ぶあい》	1分	1割《わり》	2割《わり》	2割《わり》5分	5割《わり》	6割《わり》
割合《わりあい》を表す小数	0.01	0.1	0.2	0.25	0.5	0.6
割合《わりあい》を表す分数	$\frac{1}{100}$	$\frac{1}{10}$	$\frac{1}{5}$	$\frac{1}{4}$	$\frac{1}{2}$	$\frac{3}{5}$

発《はっ》展《てん》事《じ》項《こう》 — 余《よ》裕《ゆう》のある人向け

これまで，整数，小数，分数について，その性質と計算のしかたを学習してきました。中学校では，数の世界を広げ，数の性質と計算について，より深く学習します。

中学校で初めて登場する数の世界を，少しだけしょうかいします。

冬の気温を表すときに「**マイナス**」ということばを聞いたことはありませんか。たとえば，「－3℃」は「マイナス3℃」と読み，0℃より3℃低い（寒い）ことを表しています。

0より小さい数は，次の図のように，数直線上で0より左側にあります。

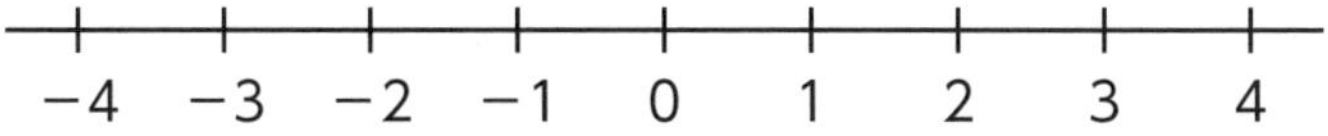

数直線では，右の方向にいくほど大きい数になり，左の方向にいくほど小さい数になるので，数の大小関係は，次のようになります。

$-1<1$　　$-2<0$　　$-4<-3$

中学校では，このように，0より小さい数について学習します。

確《かく》認《にん》問題　解答 107ページ

3 分数どうしのわり算

1. 計算のしかた

1 次の計算をしましょう。

① $\frac{2}{9} \div \frac{2}{5}$　② $\frac{4}{11} \div \frac{2}{7}$　③ $\frac{5}{6} \div \frac{7}{18}$

④ $\frac{1}{9} \div \frac{3}{7}$　⑤ $3 \div \frac{2}{3}$　⑥ $2 \div \frac{3}{8}$

⑦ $\frac{5}{3} \div 1\frac{3}{7}$　⑧ $2\frac{1}{4} \div \frac{2}{5}$　⑨ $1\frac{3}{5} \div \frac{5}{6}$

⑩ $4\frac{1}{2} \div \frac{3}{5}$　⑪ $2\frac{7}{9} \div 3\frac{1}{8}$

〔①　②　③　〕

〔④　⑤　⑥　〕

〔⑦　⑧　⑨　〕

〔⑩　⑪　〕

2 次の計算をしましょう。

① $0.3 \div \frac{3}{5}$　② $0.6 \div \frac{1}{4}$　③ $2.5 \div \frac{5}{8}$

④ $\frac{4}{7} \div 2.4$　⑤ $\frac{2}{9} \div 1.2$　⑥ $\frac{3}{2} \div 2.5$

⑦ $3.5 \div 3\frac{3}{4}$　⑧ $1.6 \div 2\frac{2}{9} \times \frac{5}{4}$

⑨ $1\frac{2}{5} \times 4.2 \div \frac{6}{7}$　⑩ $1.8 \div 2\frac{2}{9} \div \frac{5}{4}$

〔①　②　③　〕

〔④　⑤　⑥　〕

〔⑦　⑧　〕

〔⑨　⑩　〕

2. 商の大きさ

1 **[　　　　] に，適切なことばや記号を入れましょう。**

(1)②，(2)②は，それぞれ㋐～㋕からあてはまるものをすべて選びましょう。

㋐ $50 \div \frac{3}{8}$	㋑ $50 \div \frac{3}{14}$	㋒ $50 \div \frac{13}{3}$
㋓ $50 \div 1$	㋔ $50 \div \frac{1}{2}$	㋕ $50 \div \frac{11}{7}$

(1) 商が50以上となるのは，わる数が [　①　] のときです。

よって，商が50以上となる式は [　②　] です。

〔①　　　　　　　　　　〕

〔②　　　　　　　　　　〕

(2) 積が50以下となるのは，わる数が [　①　] のときです。

よって，商が50以下となる式は [　②　] です。

〔①　　　　　　　　　　〕

〔②　　　　　　　　　　〕

3. 分数のわり算を使った問題

1 次の問題に答えましょう。

①底辺が $\frac{3}{5}$m である三角形の面積が 1m^2 のとき，高さは何mですか。

〔　　　　　　〕m

②縦《たて》 $\frac{5}{4}$m，横 $3\frac{1}{5}$m である直方体の体積が $\frac{3}{2}\text{m}^3$ のとき，高さは何mですか。

〔　　　　　　〕m

③ある車は，100km進むのに1時間15分かかりました。この車の時速は何kmですか。

時速〔　　　　　　〕km

④あるホースで40分間散水したところ，32m^3 散水することができました。このホースは1時間で何 m^3 の水を散水できますか。

〔　　　　　　〕m^3

4. 割合《わりあい》

1 下の表は，赤，白，青，黄の4本のリボンの長さをまとめたものです。赤，青，黄のリボンは，それぞれ白のリボンの何倍ですか。

赤	白	青	黄
16cm	20cm	32cm	15cm

〔赤　　　　　　　　〕

〔青　　　　　　　　〕

〔黄　　　　　　　　〕

解 答

問題 102ページ

3 分数どうしのわり算

1. 計算のしかた

1 ① $\frac{5}{9}$　② $\frac{14}{11}$　③ $\frac{15}{7}$　④ $\frac{7}{27}$　⑤ $\frac{9}{2}$　⑥ $\frac{16}{3}$

⑦ $\frac{7}{6}$　⑧ $\frac{45}{8}$　⑨ $\frac{48}{25}$　⑩ $\frac{15}{2}$　⑪ $\frac{8}{9}$

2 ① $\frac{1}{2}$　② $\frac{12}{5}$　③ 4　④ $\frac{5}{21}$　⑤ $\frac{5}{27}$

⑥ $\frac{3}{5}$　⑦ $\frac{14}{15}$　⑧ $\frac{9}{10}$　⑨ $\frac{343}{50}$　⑩ $\frac{81}{125}$

2. 商の大きさ

1 (1) ① 1 以下　② ㋐，㋑，㋓，㋔

(2) ① 1 以上　② ㋒，㋓，㋕

3. 分数のわり算を使った問題

1 ① $\frac{10}{3}$ (m)　② $\frac{3}{8}$ (m)　③ 80 (km)　④ 48 (m^3)

4. 割合《わりあい》

1 赤：$\frac{4}{5}$ 倍　青：$\frac{8}{5}$ 倍　黄：$\frac{3}{4}$ 倍

第4章 比《ひ》

1．比《ひ》と比《ひ》の値《あたい》

さきさんは，次のように，牛乳《ぎゅうにゅう》とコーヒーを混ぜて，コーヒー牛乳《ぎゅうにゅう》をつくりました。

牛乳《ぎゅうにゅう》の量とコーヒーの量の関係について調べましょう。

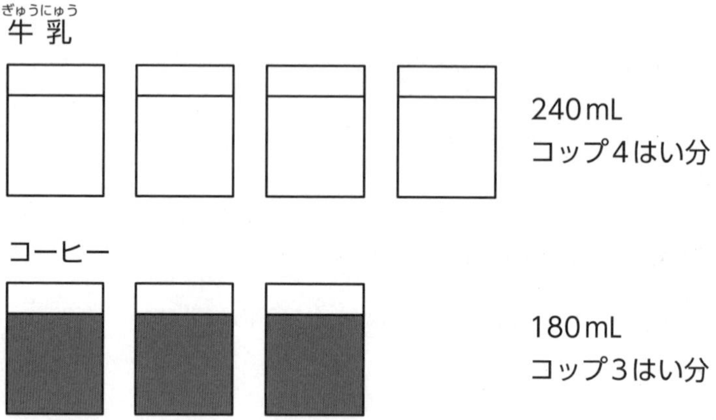

牛乳《ぎゅうにゅう》の量240mLとコーヒーの量180mLの量の割合《わりあい》は，

240：180

と表すことができます。

240：180は「240対180」と読み，このように表された割合《わりあい》を**比**《ひ》といいます。

牛乳《ぎゅうにゅう》の量とコーヒーの量の比《ひ》は，コップ4はい分とコップ3はい分から，

4：3

と表すこともできます。

ゆうさんは，次のように，牛乳《ぎゅうにゅう》とコーヒーを混ぜて，コーヒー牛乳《ぎゅうにゅう》をつくりました。
ゆうさんとさきさんがつくったコーヒー牛乳《ぎゅうにゅう》の，牛乳《ぎゅうにゅう》とコーヒーの量の割合《わりあい》を比べましょう。

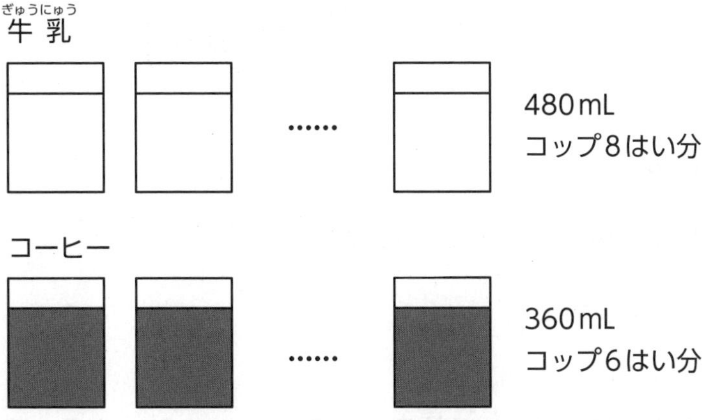

ゆうさんがつくったコーヒー牛乳《ぎゅうにゅう》の，牛乳《ぎゅうにゅう》の量とコーヒーの量の比《ひ》は，コップ8はい分とコップ6はい分から，

8：6

です。

ゆうさんとさきさんがつくったコーヒー牛乳《ぎゅうにゅう》について，コーヒーの量をもとにしたときの牛乳《ぎゅうにゅう》の量の割合《わりあい》をそれぞれ求めましょう。

ゆうさん

(牛乳《ぎゅうにゅう》の量)：(コーヒーの量) = 8：6

比べる量　もとにする量

$$8 \div 6 = \frac{8}{6}$$

$$= \frac{4}{3}$$

割合《わりあい》

さきさん

(牛乳《ぎゅうにゅう》の量)：(コーヒーの量) = 4：3

$$4 \div 3 = \frac{4}{3}$$

このように，$a:b$の比《ひ》で，bをもとにしたときのaの割合《わりあい》を表したものを，$a:b$の**比《ひ》の値《あたい》**といいます。

$a:b$の比《ひ》の値《あたい》 → $a \div b = \frac{a}{b}$

比《ひ》の値《あたい》が等しいとき，それらの**比《ひ》は等しい**といいます。

2つの比《ひ》8：6と4：3は，比《ひ》の値《あたい》はどちらも $\frac{4}{3}$ で等しくなっています。

8：6と4：3が等しいことを

8：6＝4：3

と表します。

2．等しい比《ひ》—整数の比《ひ》を簡単《かんたん》にする

> **2：3と6：9は等しい比《ひ》です。この2つの比《ひ》にはどんな関係がありますか。**

関係①

2：3の両方の数に3をかけると，6：9になります。

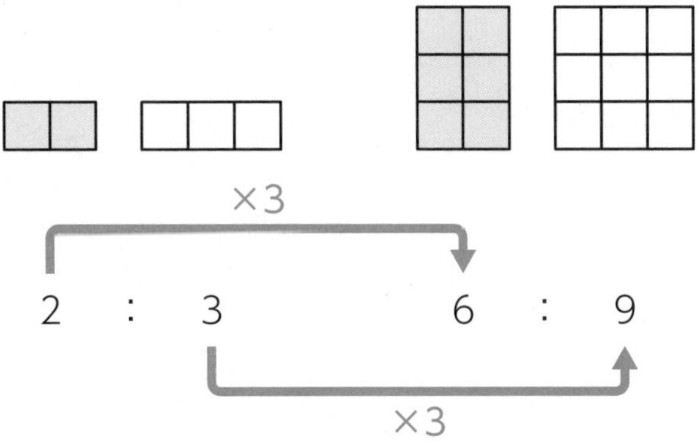

関係②

6：9の両方の数を3でわると，2：3になります。

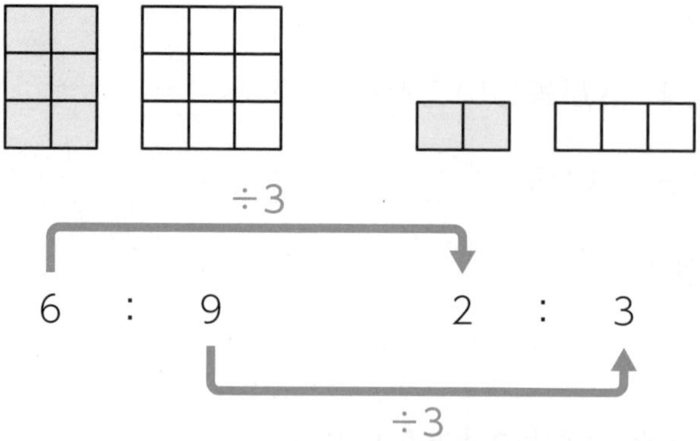

このように，a：bの両方の数に同じ数をかけたり，両方の数を同じ数でわったりしてできる比《ひ》は，a：bと等しい比《ひ》になります。

等しい比《ひ》の関係がわかると，大きい整数の比《ひ》を，小さい整数の比《ひ》で表すことができます。

40：72を，できるだけ小さい整数の比《ひ》で表しましょう。

〈考え方①〉

40：72の両方の数を8でわります。

÷8

40　：　72　＝　5　：　9　　　<u>5：9</u>

÷8

40と72の最大公約数

〈考え方②〉

比《ひ》の値《あたい》を利用します。

40：72の比《ひ》の値《あたい》は，

$$40 \div 72 = \frac{40}{72}$$
$$= \frac{5}{9}$$

したがって，

40：72＝5：9　　　<u>5：9</u>

このように，比《ひ》を，それと等しい比《ひ》で，できるだけ小さい整数の比《ひ》に直すことを，**比《ひ》を簡単《かんたん》にする**といいます。

3．等しい比《ひ》―小数・分数の比《ひ》を簡単《かんたん》にする

小数や分数の比《ひ》を簡単《かんたん》にするときは，等しい比《ひ》の性質を使って，整数の比《ひ》に直して考えましょう。

1.5：1.8の比《ひ》を簡単《かんたん》にしましょう。

〈考え方①〉

まず，1.5：1.8の両方の数に10をかけて，整数の比《ひ》に直します。

1.5：1.8＝15：18

15：18の両方の数を3でわって，簡単《かんたん》にします。

15：18＝5：6　　<u>5：6</u>

〈考え方②〉

1.5は0.1の15個分，1.8は0.1の18個分です。

したがって，

1.5：1.8＝15：18

＝5：6　　<u>5：6</u>

●整数と小数の比《ひ》を簡単《かんたん》にするときは，小数を整数に直すときに，整数に数をかけ忘《わす》れないように注意しましょう。

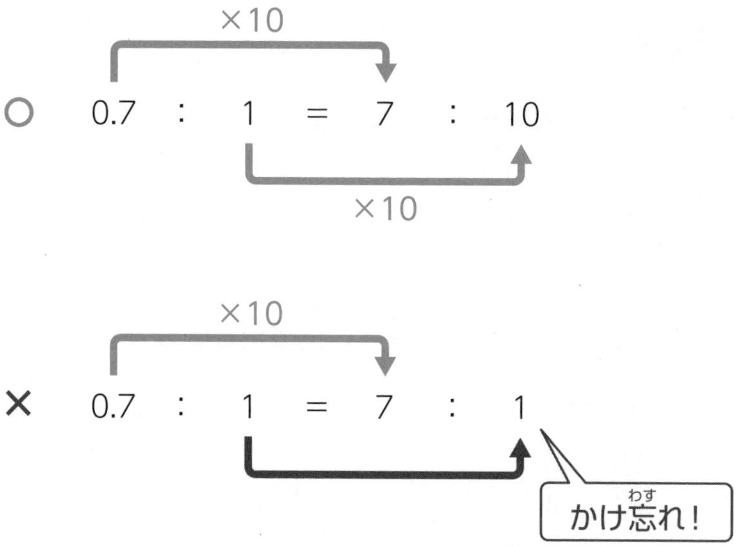

$\frac{5}{8}:\frac{2}{3}$ の比《ひ》を簡単《かんたん》にしましょう。

〈考え方①〉

通分して考えます。

$$\frac{5}{8}:\frac{2}{3}=\frac{15}{24}:\frac{16}{24}$$

$\frac{15}{24}$ は $\frac{1}{24}$ の15個分，$\frac{16}{24}$ は $\frac{1}{24}$ の16個分です。

したがって，

$$\frac{15}{24}:\frac{16}{24}=15:16$$

<u>15：16</u>

〈考え方②〉

比《ひ》の値《あたい》を利用します。

$\frac{5}{8}:\frac{2}{3}$ の比《ひ》の値《あたい》は，

$$\frac{5}{8}\div\frac{2}{3}=\frac{5}{8}\times\frac{3}{2}$$
$$=\frac{15}{16}$$

したがって，

$$\frac{5}{8}:\frac{2}{3}=15:16$$

<u>15：16</u>

4．比《ひ》の利用

比《ひ》を利用して，一方の量からもう一方の量を求める問題を考えましょう。

まゆさんのくつのサイズとお兄さんのくつのサイズの比《ひ》は7：9です。お兄さんのくつのサイズは27cmです。まゆさんのくつのサイズは何cmですか。

まゆさんのくつのサイズを $x$cmとして，問題を整理して図に表すと，下のようになります。

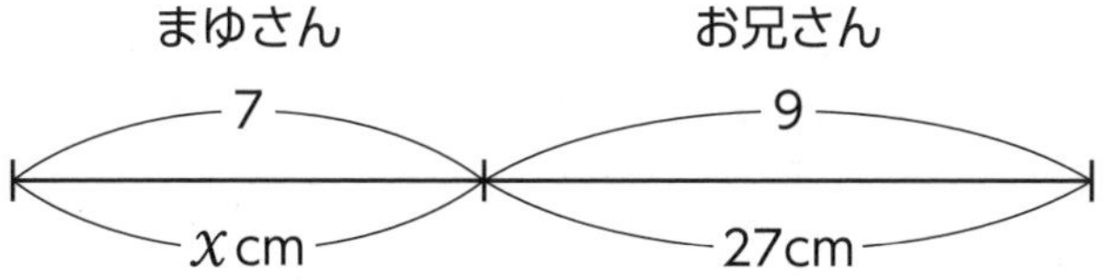

〈考え方①〉

等しい比《ひ》をつくって考えます。

まゆさんのくつのサイズとお兄さんのくつのサイズの比《ひ》は，

$$x : 27$$

と表すことができるので，

×3

$$7 : 9 = x : 27$$

×3

したがって，

$$x = 7 \times 3$$

$$= 21$$

<u>21cm</u>

〈考え方②〉

比《ひ》の値《あたい》を利用します。

7：9の比《ひ》の値《あたい》は，

$$7 \div 9 = \frac{7}{9}$$

まゆさんのくつのサイズは，お兄さんのくつのサイズをもとにすると，$\frac{7}{9}$ にあたるので，

$$27 \times \frac{7}{9} = 21$$

<u>21cm</u>

続いて，全体の量を，決まった比《ひ》に分ける問題を考えましょう。

91枚《まい》の折り紙を，姉と弟で分けます。
姉の枚数《まいすう》と弟の枚数《まいすう》の比《ひ》を5：8にするとき，姉の枚数《まいすう》は何枚《なんまい》になりますか。

姉の枚数《まいすう》をx枚《まい》として，問題を整理して図に表すと，次のようになります。

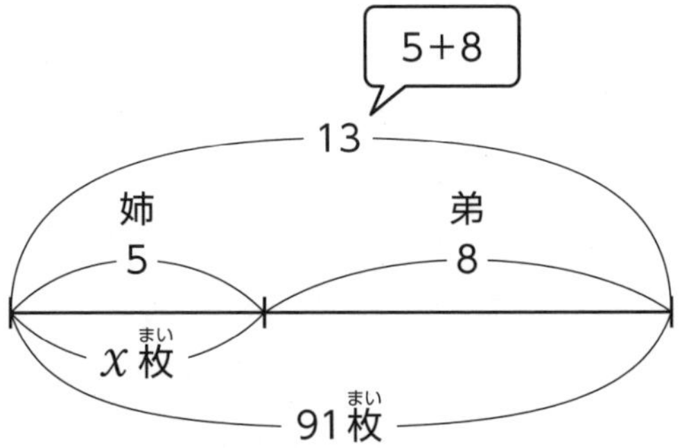

〈考え方①〉

姉の枚数《まいすう》は，折り紙全部の枚数《まいすう》をもとにすると，$\frac{5}{13}$にあたるので，

$91 \times \frac{5}{13} = 35$　　35枚《まい》

〈**考え方②**〉

等しい比《ひ》をつくって考えます。

姉の枚数《まいすう》と折り紙全部の枚数《まいすう》の比《ひ》は,

x：91

と表すことができるので,

×7

5：13＝x：91

×7

したがって,

x＝5×7

＝35　　<u>35枚《まい》</u>

確《かく》認《にん》問題

解答 128ページ

1. 比《ひ》と比《ひ》の値《あたい》

1 はなさんはイチゴジャムを作るため，イチゴ500g，砂糖《さとう》250gを用意しました。

①イチゴと砂糖《さとう》の量の割合《わりあい》を表しましょう。

〔　　　　　　　　〕

②イチゴ：砂糖《さとう》の比《ひ》の値《あたい》を求めましょう。

〔　　　　　　　　〕

2 次の比《ひ》を求めましょう。

①チョコレートの値段《ねだん》120円とアイスの値段《ねだん》200円の比《ひ》

〔　　　　　　　　〕

②青いリボン40cmと赤いリボン75cmの長さの比《ひ》

〔　　　　　　　　〕

3 次の比《ひ》の値《あたい》を求めましょう。

①1：3　　②5：2　　③4：2

④81：27　　⑤14：56

〔①　　　②　　　③　　　〕
〔④　　　⑤　　　　　　　〕

2. 等しい比《ひ》—整数の比《ひ》を簡単《かんたん》にする

1 次の比《ひ》を，できるだけ小さい整数の比《ひ》で表しましょう。

①18：33　　②72：48　　③35：91

④46：115　　⑤24：42

〔①　　②　　③　　〕

〔④　　⑤　　〕

3. 等しい比《ひ》—小数・分数の比《ひ》を簡単《かんたん》にする

1 次の比《ひ》を，できるだけ小さい整数の比《ひ》で表しましょう。

①2.1：3.6　　②4.5：0.54　　③1.05：6.3

④1.5：2.82　　⑤$\frac{4}{7}:\frac{4}{3}$　　⑥$\frac{5}{8}:\frac{3}{4}$

⑦$\frac{3}{8}:0.25$　　⑧$\frac{11}{4}:1.5$

〔①　　②　　③　　〕

〔④　　⑤　　⑥　　〕

〔⑦　　⑧　　〕

2 次の2つの比《ひ》が等しいときは○，等しくないときは×で答えましょう。

①4：10と10：25　　②6：10と9：24

③8：5と56：35　　④7：6と48：42

⑤35：15と42：18　　⑥12：10と48：40

〔①　　②　　③　　④　　⑤　　⑥　　〕

3 等しい比《ひ》の性質を使って，xにあてはまる数を求めましょう。

①$18:x=12:10$　　②$30:24=x:8$

③$x:42=6:9$　　④$3.2:2.4=x:0.9$

⑤$0.16:x=24:27$　　⑥$\frac{1}{3}:\frac{5}{6}=x:1$

⑦$\frac{3}{8}:x=2:3$　　⑧$\frac{5}{4}:0.375=x:6$

〔①　　②　　③　　〕

〔④　　⑤　　⑥　　〕

〔⑦　　⑧　　〕

4. 比《ひ》の利用

1 縦《たて》と横の長さの比《ひ》が4：5の長方形をかきます。

①縦《たて》の長さを16cmとしたとき，横の長さは何cmになりますか。

〔　　　　　　　　〕cm

②縦《たて》の長さを8cmとしたとき，かいた長方形の面積は何cm^2になりますか。

〔　　　　　　　　〕cm^2

2 100個のアメを，りほさんとあやさんの2人で分けます。りほさんとあやさんの受け取る個数の比《ひ》が以下のとき，りほさんが受け取るアメの個数はいくつになりますか。

①9：11　　　　②18：7

〔①　　　　　　②　　　　　　〕

3 たけるさんは12才で，妹とは3才差，たけるさんとお父さんの年れいの比《ひ》は2：7です。

①妹，お父さんの年れいはそれぞれ何才ですか。

〔妹　　　　　　お父さん　　　　　　〕

②今から3年後の，たけるさんとお父さんの年れいの比《ひ》および，妹とお父さんの年れいの比《ひ》を求めましょう。

〔たけるさん：お父さん　　　　　　〕

〔妹：お父さん　　　　　　〕

4 りくさんのクラスの人数は，男子が 20 人，女子が 12 人です。

①男子の人数と女子の人数の比《ひ》を，簡単《かんたん》な整数の比《ひ》で表しましょう。

〔　　　　　　　　〕

②男子の人数と女子の人数の比《ひ》を4：3にするには，女子が何人増えればよいでしょうか。

〔　　　　　　　　〕人

解 答

問題 121ページ

1. 比《ひ》と比《ひ》の値《あたい》

1 ①500：250　②2

2 ①120：200 (または3：5)　②40：75 (または8：15)

3 ①$\frac{1}{3}$　②$\frac{5}{2}$　③2　④3　⑤$\frac{1}{4}$

2. 等しい比《ひ》―整数の比《ひ》を簡単《かんたん》にする

1 ①6：11　②3：2　③5：13　④2：5　⑤4：7

3. 等しい比《ひ》―小数・分数の比《ひ》を簡単《かんたん》にする

1 ①7：12　②25：3　③1：6　④25：47

⑤3：7　⑥5：6　⑦3：2　⑧11：6

2 ①○　②×　③○　④×　⑤○　⑥○

3 ①15　②10　③28　④1.2　⑤0.18　⑥$\frac{2}{5}$　⑦$\frac{9}{16}$　⑧20

4. 比《ひ》の利用

1 ①20 (cm)　②80 (cm^2)

2 ①45個　②72個

3 ①妹：9才，お父さん：42才

②たけるさん：お父さん　1：3，妹：お父さん　4：15

4 ①5：3　②3 (人)

解説 ②男子の人数と女子の人数の比《ひ》が4：3のときの女子の人数をx人とします。20：x＝4：3のxにあてはまる数を求めて，x＝15

今いる人数が12人であるから，15－12＝3(人)です。

第5章 図形の拡大《かくだい》と縮小《しゅくしょう》

1．拡大《かくだい》図と縮図《しゅくず》

次の四角形㋐，㋑は同じ形です。

この2つの四角形の間には，どんな関係があるでしょうか。

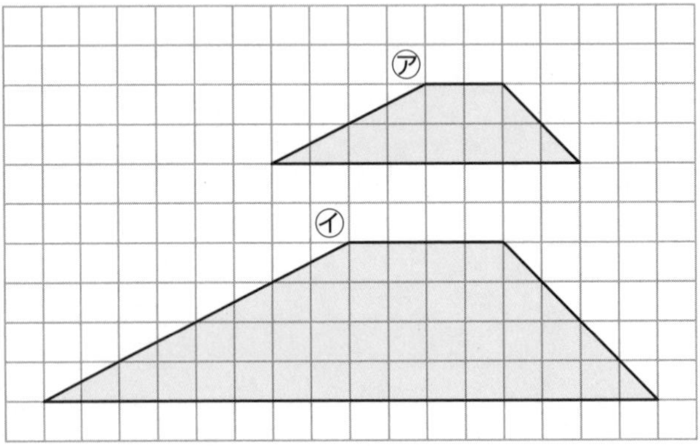

四角形㋐，㋑は，次の角が対応しています。

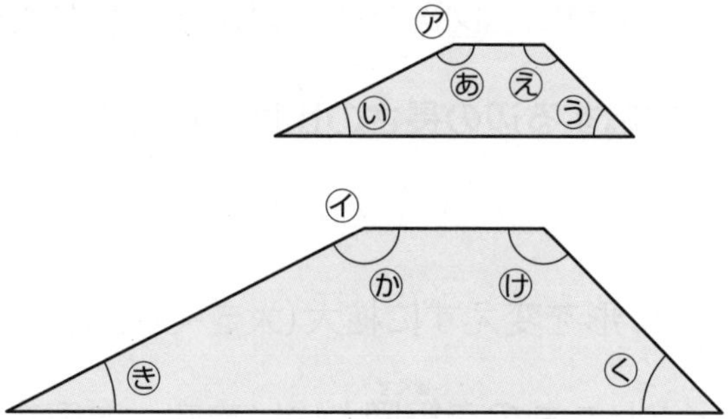

(あ)と(か)　　(い)と(き)　　(う)と(く)　　(え)と(け)

対応する角の大きさは，それぞれ等しくなっています。

また，四角形㋐，㋑は，次の辺が対応しています。

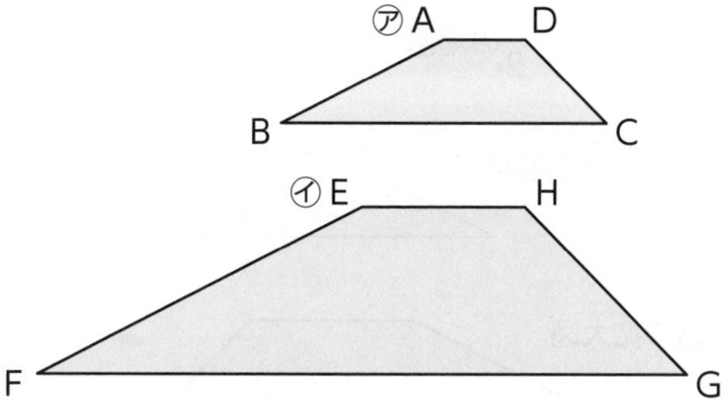

AＢとEF　　BCとFG　　CDとGH　　DAとHE

対応する辺の長さの比《ひ》は，次のように，どれも1：2になっています。

AB：EF＝1：2　　BC：FG＝1：2

CD：GH＝1：2　　DA：HE＝1：2

このように，形が同じ図形では，**対応する角の大きさはそれぞれ等しく，対応する辺の長さの比《ひ》はどれも等しくなっています。**

もとの図形を，形を変えずに拡大《かくだい》（大きく）したものを**拡大《かくだい》図**，縮小《しゅくしょう》（小さく）したものを**縮図《しゅくず》**といいます。対応する辺の長さが2倍になるように拡大《かくだい》した図形を，もとの図形の2倍の拡大《かくだい》図，$\frac{1}{2}$になるように縮小《しゅくしょう》した図形をもとの図形の$\frac{1}{2}$の縮図《しゅくず》といいます。

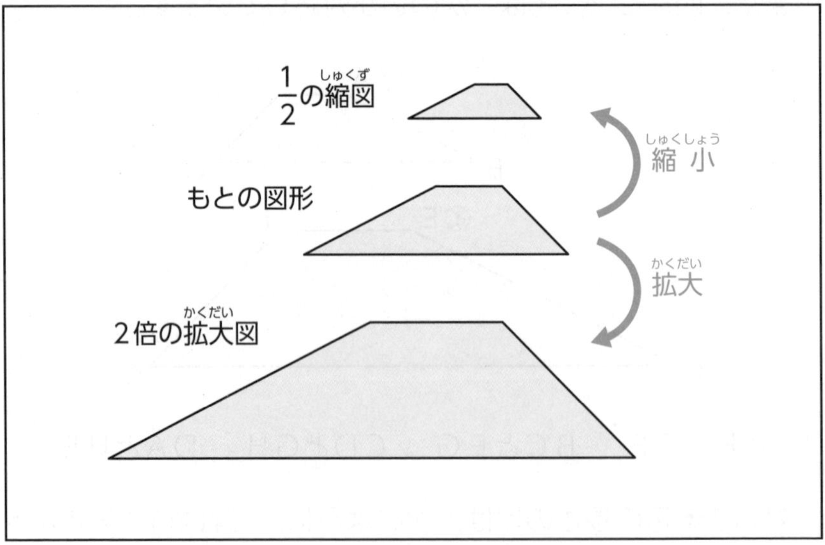

２．拡大《かくだい》図と縮図《しゅくず》のかき方

方眼を使わずに，拡大《かくだい》図や縮図《しゅくず》をかく方法を考えましょう。

右の三角形ＡＢＣの３倍の拡大《かくだい》図である三角形ＤＥＦをかきましょう。

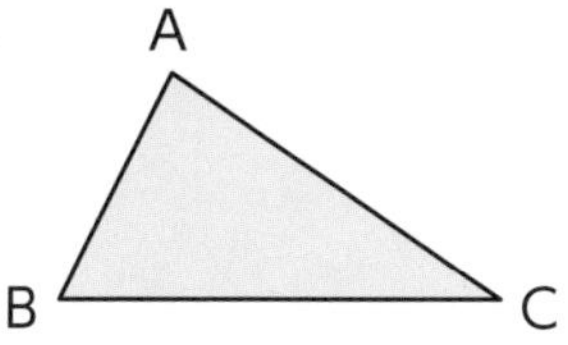

三角形の拡大《かくだい》図や縮図《しゅくず》は，合同な三角形をかくときと同じようにしてかくことができます。

かき方①　３つの辺の長さを使う

⑴辺ＢＣの３倍の長さを辺ＥＦとする。

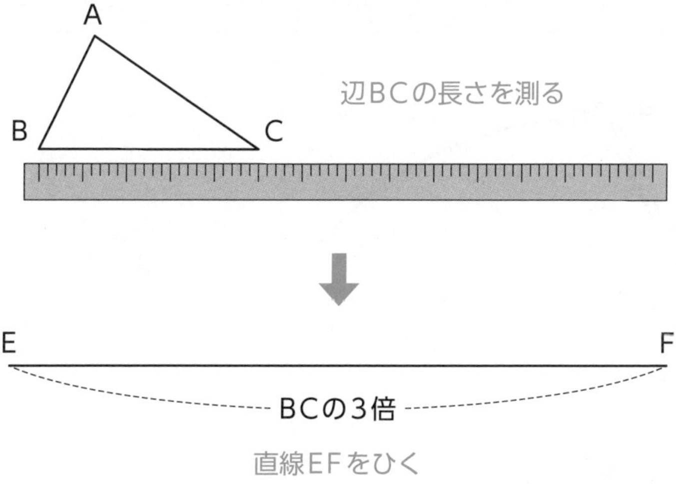

⑵コンパスを使って，

辺ＡＢの３倍の長さ

を写し取る。

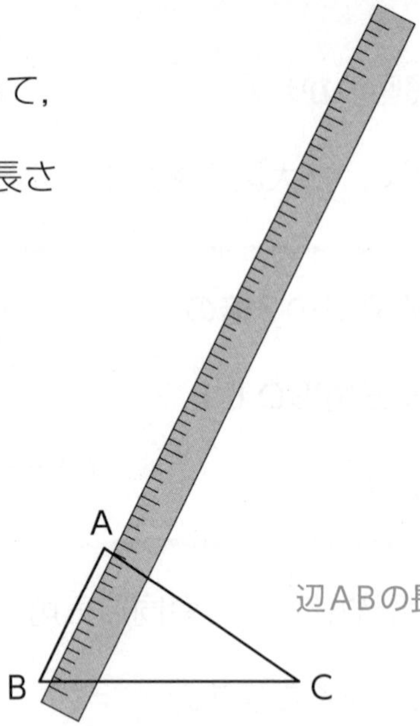

辺ABの長さを測る

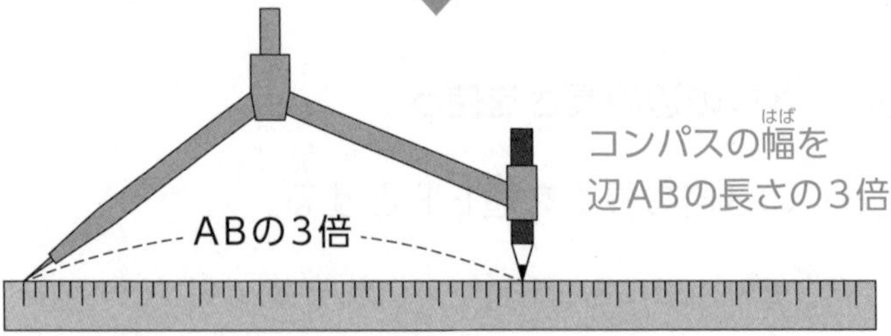

コンパスの幅《はば》を
辺ABの長さの3倍にする

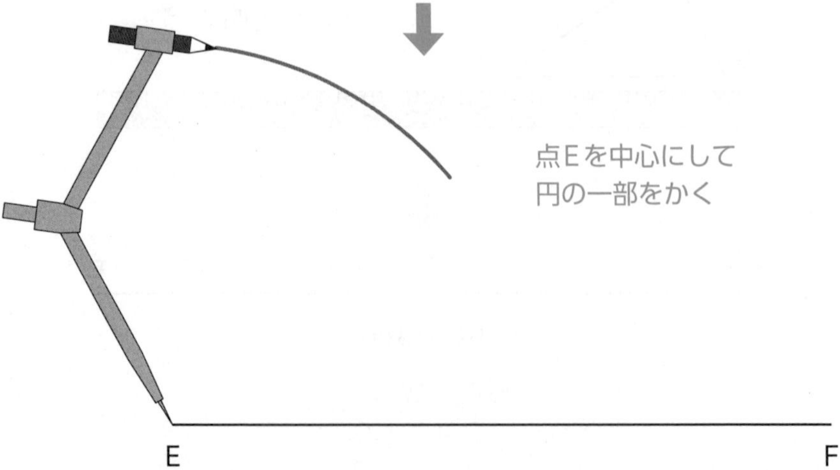

点Eを中心にして
円の一部をかく

⑶コンパスを使って，辺ＡＣの３倍の長さを写し取り，⑵と交わったところを点Dとする。

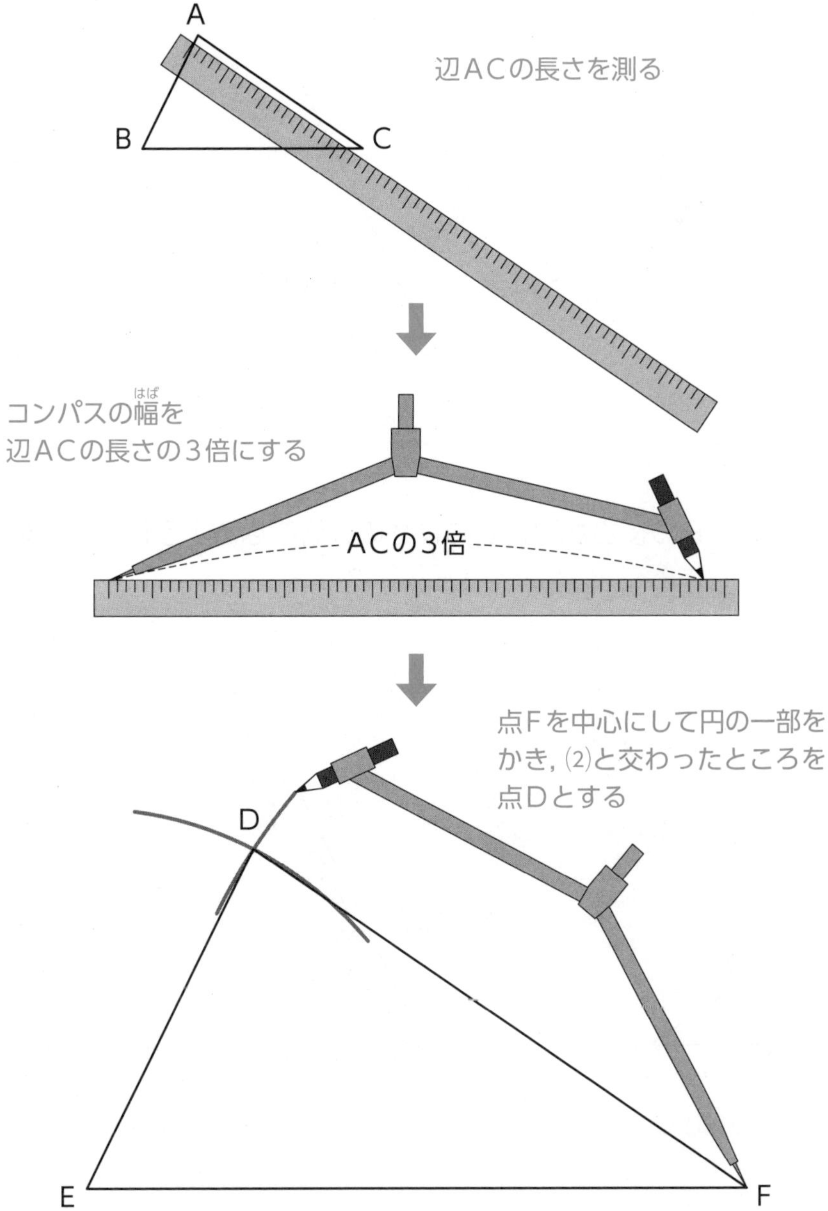

かき方②　2つの辺とその間の角を使う

⑴**かき方①**の⑴と同様に，辺ＥＦをかく。

⑵角Ｅを角Ｂと同じ大きさにする。

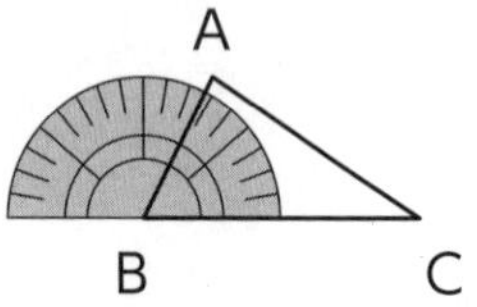

角Bの大きさを測る

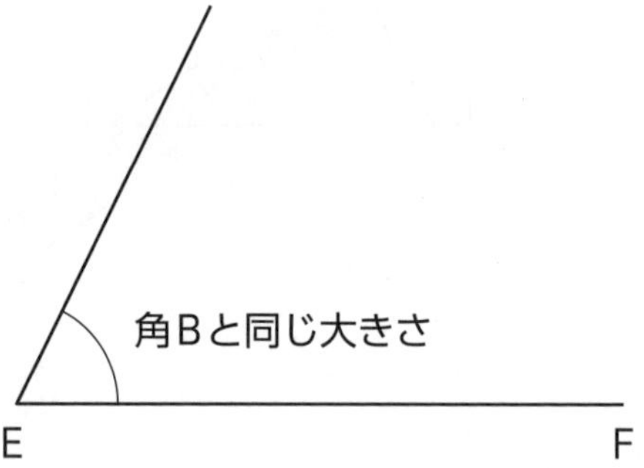

点Eを角Bと同じ大きさにする

⑶辺ＤＥの長さが辺ＡＢの長さの３倍になるように，点Ｄの位置を決める。

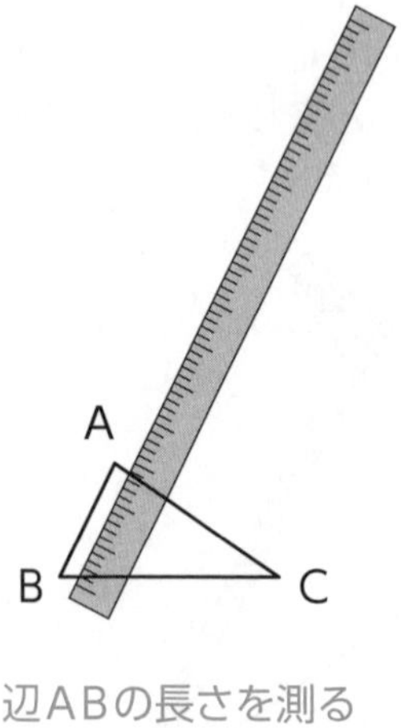

辺ABの長さを測る

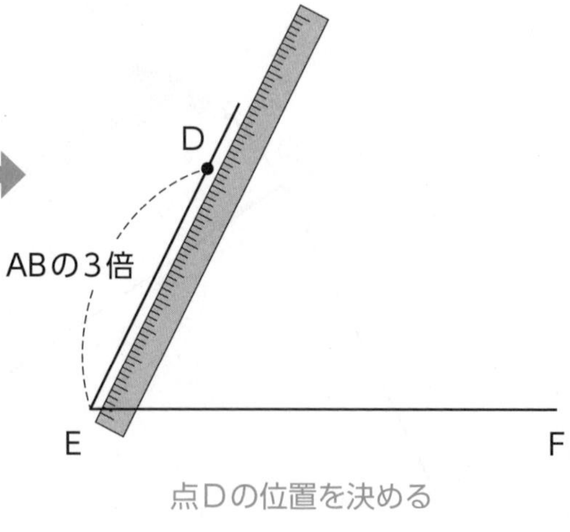

点Dの位置を決める

かき方③　１つの辺とその両はしの角を使う

(1)**かき方①**の(1)と同様に，辺ＥＦをかく。

(2)**かき方②**の(2)と同様に，角Ｅを角Ｂと同じ大きさにする。

(3)角Ｆを角Ｃと同じ大きさにし，(2)と交わったところを点Ｄとする。

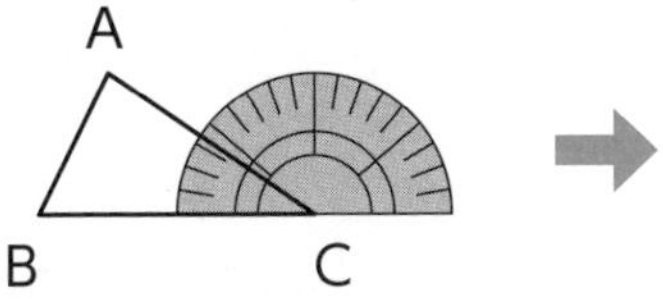

角Ｃの大きさを測る

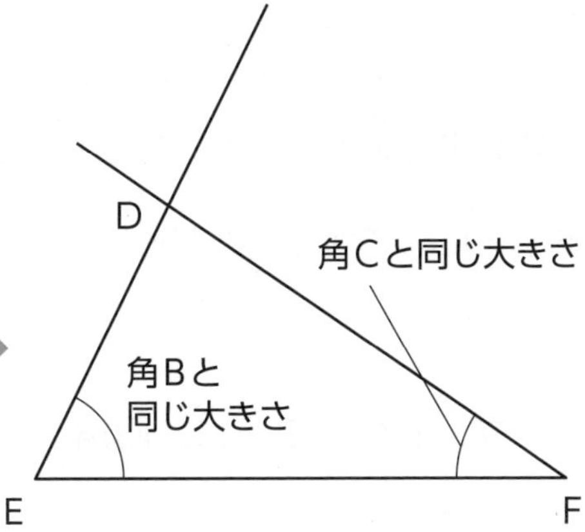

角Ｆを角Ｃと同じ大きさにし，
(2)と交わったところを点Ｄとする

縮図《しゅくず》をかくときも，拡大《かくだい》図をかくときと同じようにしてかくことができます。

三角形以外の図形の拡大《かくだい》図や縮図《しゅくず》をかくときは，どうすればよいでしょうか。

右の四角形ＡＢＣＤの3倍の拡大《かくだい》図である四角形ＥＦＧＨをかきましょう。

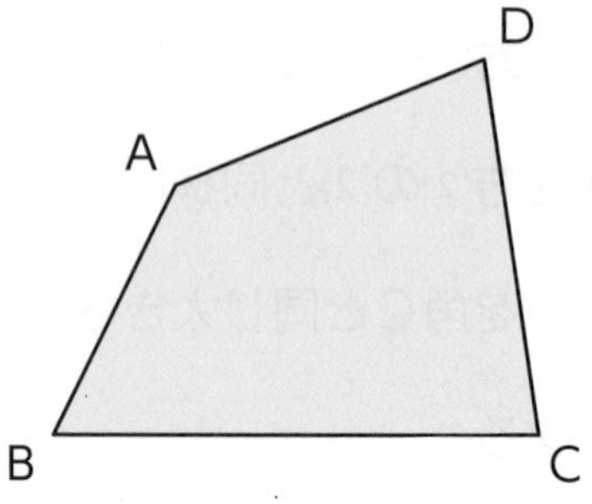

四角形の拡大《かくだい》図や縮図《しゅくず》をかくときも，合同な四角形のかき方をもとにしてかくことができます。

まず，右の図ように，四角形に対角線を1本ひいて，三角形ＡＢＣと三角形ＡＣＤに分け，133～137ページのいずれかの方法で三角形ＡＢＣと三角形ＡＣＤの3倍の拡大《かくだい》図をそれぞれかきます。

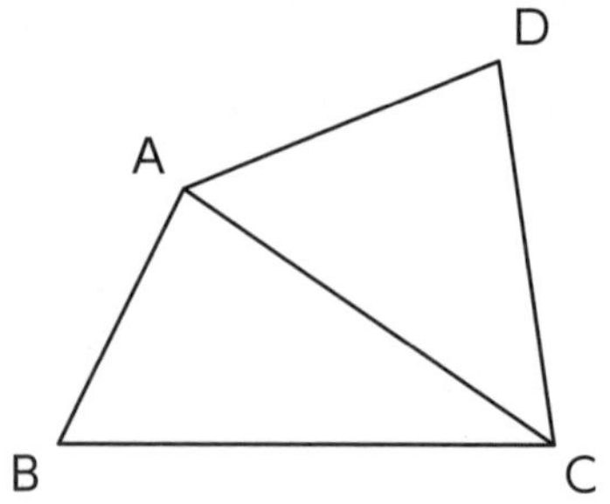

このように，多角形の拡大《かくだい》図や縮図《しゅくず》をかくときは，いくつかの三角形に分け，それぞれの拡大《かくだい》図や縮図《しゅくず》をかきます。

最後に，１つの点を中心にして拡大《かくだい》図や縮図《しゅくず》をかく方法を考えましょう。

右の三角形ＤＢＥは三角形ＡＢＣの2倍の拡《かく》大《だい》図，三角形ＦＢＧは三角形ＡＢＣの$\frac{1}{2}$の縮図《しゅくず》です。

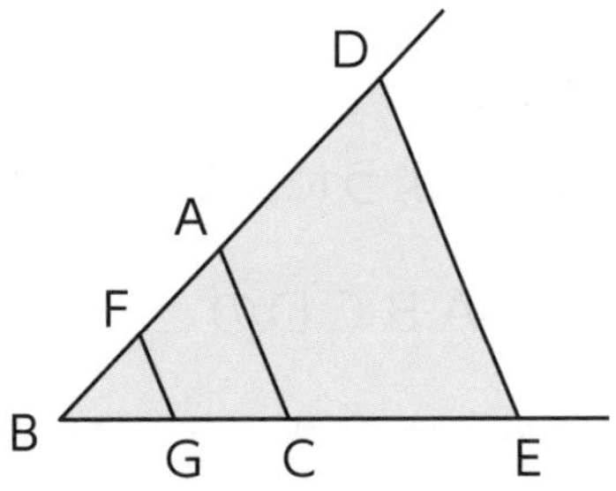

三角形ＤＢＥ，三角形ＦＢＧのかき方を，それぞれ考えましょう。

三角形ＤＢＥ

辺ＢＤの長さは辺ＢＡの長さの2倍になればよいので，コンパスを使って，右のように点Ｄの位置を決めることができます。

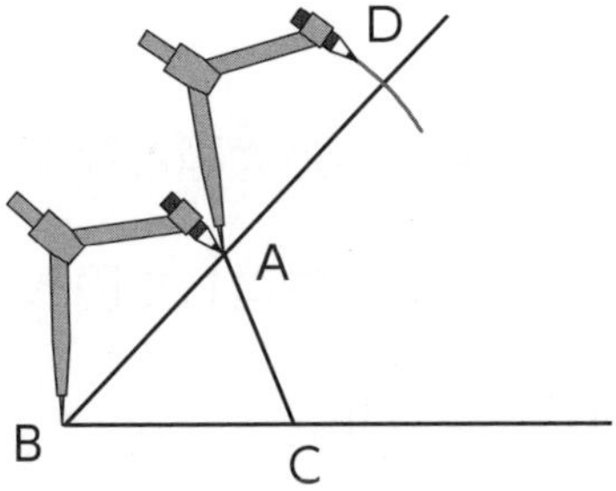

同様に，点Ｅの位置を決めることができます。

三角形ＦＢＧ

辺ＢＦの長さは辺ＢＡの長さの$\frac{1}{2}$になればよいので，辺ＢＡの真ん中の点をＦとします。

同様に，点Ｇの位置を決めることができます。

右の図のように，もとの図が四角形ＡＢＣＤのときは，対角線を１本ひき，２つの三角形に分けて，三角形ＡＢＤと三角形ＤＢＣの拡大《かくだい》図や縮《しゅく》図《ず》をかいて，もとの四角形の拡大《かくだい》図や縮図《しゅくず》をかくことができます。

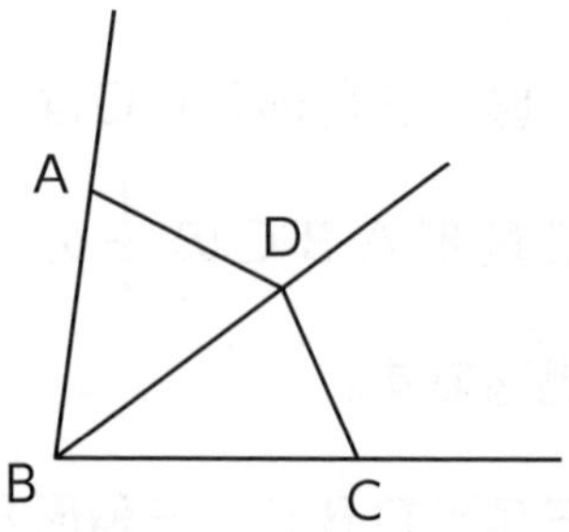

３．多角形の拡大《かくだい》図と縮図《しゅくず》

これまでに学習した図形は，拡大《かくだい》図，縮図《しゅくず》の関係になっているでしょうか。

次ページの図で，いつでも拡大《かくだい》図，縮図《しゅくず》の関係になるものは，正三角形，正方形，正五角形，正六角形です。これらの図形は，どんな大きさになっても角の大きさはもとの図形と同じになっています。また，大きさがちがう２つの図形の辺の長さの比《ひ》は，どれも等しくなっています。

その他の図形は，角の大きさが決まっていないので，いつでも拡大《かくだい》図，縮図《しゅくず》の関係になるとは限りません。

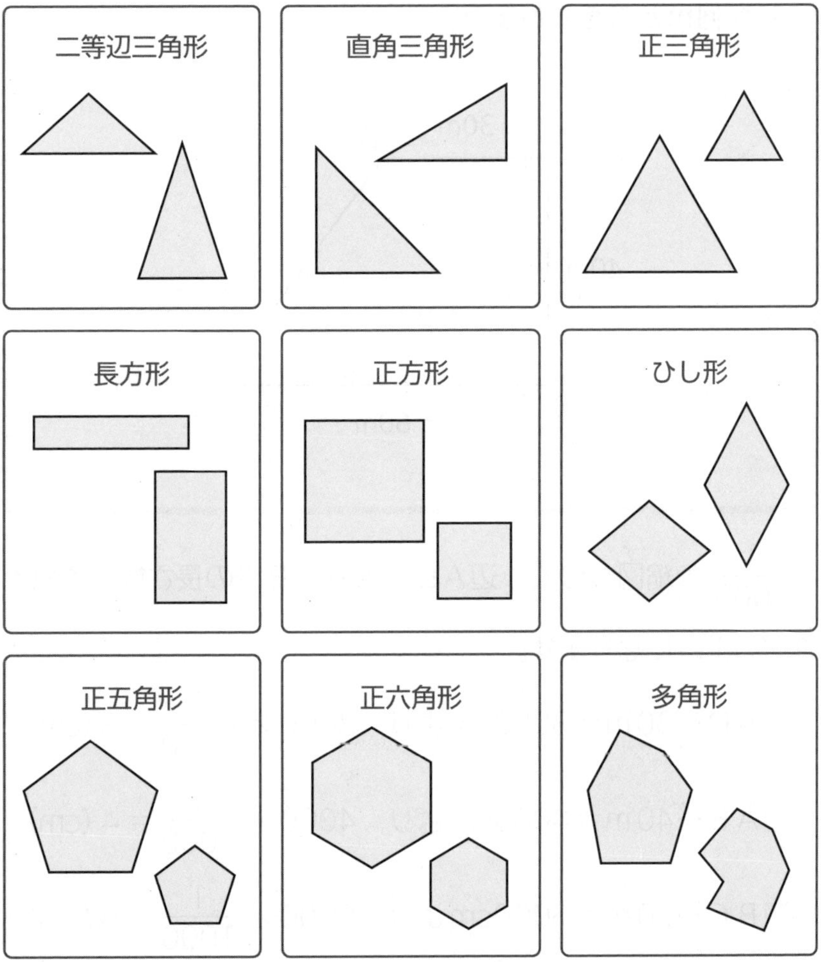

4．縮図《しゅくず》の利用

縮図《しゅくず》を利用して，実際の長さを求めることができます。

次の図は，ゆりさんのマンションを真上から見た図です。$\frac{1}{1000}$の縮図《しゅくず》をかいて，点Cから点Dまでの実際のきょりが何mか考えましょう。

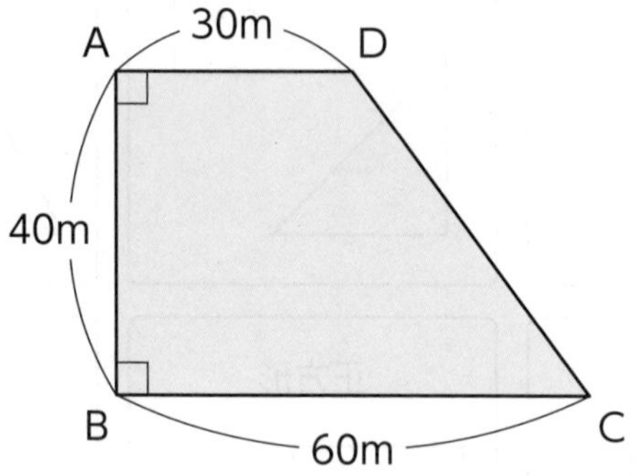

$\frac{1}{1000}$の縮図《しゅくず》なので，辺ＡＤ，ＡＢ，ＢＣの長さは，それぞれ次のようになります。

辺ＡＤ…30ｍ＝3000cmより，$3000 \times \frac{1}{1000} = 3$ (cm)

辺ＡＢ…40ｍ＝4000cmより，$4000 \times \frac{1}{1000} = 4$ (cm)

辺ＢＣ…60ｍ＝6000cmより，$6000 \times \frac{1}{1000} = 6$ (cm)

次の縮図《しゅくず》で，辺ＣＤの長さを定規で測ると5cmです。

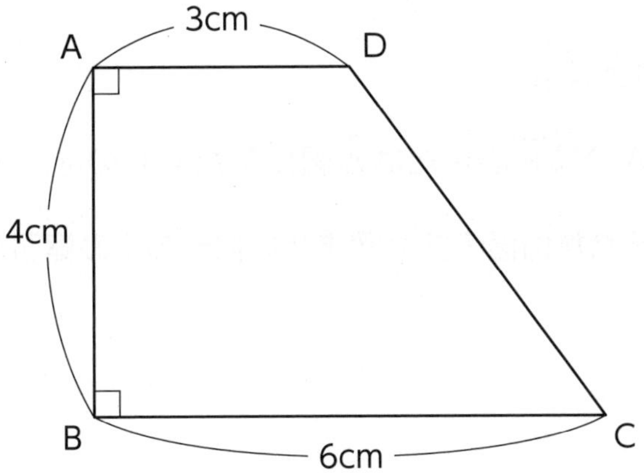

よって，点Ｃから点Ｄまでの実際のきょりを x cmとすると，

$$x \times \frac{1}{1000} = 5$$

$$x = 5 \div \frac{1}{1000}$$

$$= 5000$$

5000cm＝50ｍ　　<u>50ｍ</u>

確《かく》認《にん》問題

解答 151ページ

1. 拡大図《かくだい》と縮図《しゅくず》

1 三角形Aの拡大図《かくだい》または縮図《しゅくず》にあたるものを，ア～キより選び，それが何倍の拡大図《かくだい》または何分の１の縮図《しゅくず》かを答えましょう。

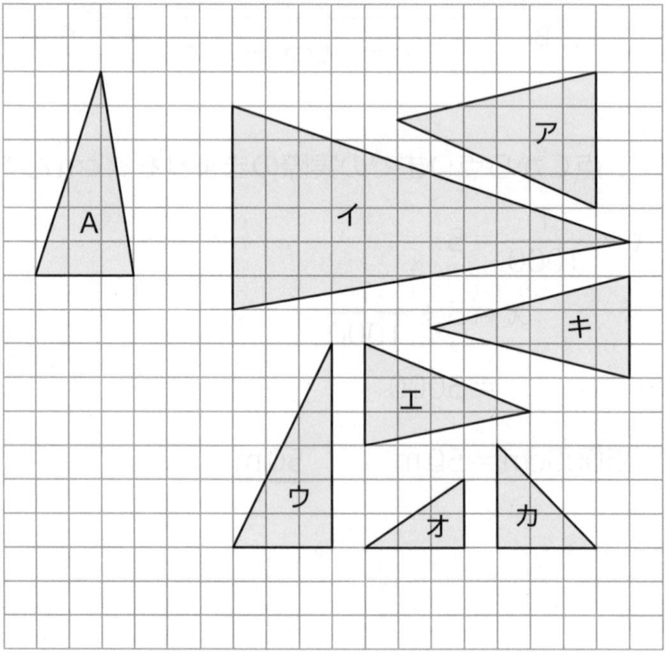

Aと同じ形の三角形〔　　　　　　　　〕

〔　　　　　　〕の〔 拡大図《かくだい》 ・ 縮図《しゅくず》 〕

2 辺の長さがそれぞれ4cm，8cm，10cmの三角形Aがあります。次の三角形は，三角形Aの拡大《かくだい》図にあたるか，縮図《しゅくず》にあたるか，どちらでもないか選んで答えましょう。

①辺の長さが，6cm，10cm，14cmの三角形

〔 拡大《かくだい》図 ・ 縮図《しゅくず》 ・ どちらでもない 〕

②辺の長さが，20cm，8cm，16cmの三角形

〔 拡大《かくだい》図 ・ 縮図《しゅくず》 ・ どちらでもない 〕

③辺の長さが，2cm，5cm，4cmの三角形

〔 拡大《かくだい》図 ・ 縮図《しゅくず》 ・ どちらでもない 〕

④辺の長さが8cm，30cm，24cmの三角形

〔 拡大《かくだい》図 ・ 縮図《しゅくず》 ・ どちらでもない 〕

⑤辺の長さが48cm，24cm，60cmの三角形

〔 拡大《かくだい》図 ・ 縮図《しゅくず》 ・ どちらでもない 〕

3 次の問いに答えましょう。

①はやてさんの持っている船のプラモデルは72分の1の縮《しゅく》尺《しゃく》で作られています。船のプラモデルの長さは20cmでした。実物の船の長さは何mでしょうか。

〔　　　　　　〕m

②ひばりさんは自宅《じたく》の140分の1の設計図を見せてもらいました。階段《かいだん》の傾《かたむ》きが設計図では40°となっていました。実際の角度は何度でしょうか。

〔　　　　　　〕°

③ほくとさんが持っている電車模型《もけい》の長さは1両あたり9cmでした。実際の電車の車両は長さが18mだといいます。模型《もけい》の縮尺《しゅくしゃく》はいくらでしょうか。

〔　　　　　　〕分の1

④みどりさんの自宅《じたく》にある車の長さは3mです。15分の1の模型《もけい》を作った場合，長さは何cmになるでしょうか。

〔　　　　　　〕cm

2. 拡大《かくだい》図と縮図《しゅくず》のかき方

1 定規やコンパスを使って，右の三角形の拡大《かくだい》図と縮図《しゅくず》をかきましょう。

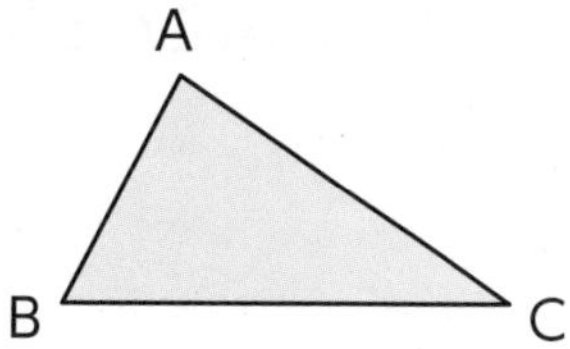

2倍の拡大《かくだい》図

2分の1の縮図《しゅくず》

2 **定規やコンパスを使って，右の四角形の拡大《かくだい》図をかきましょう。**

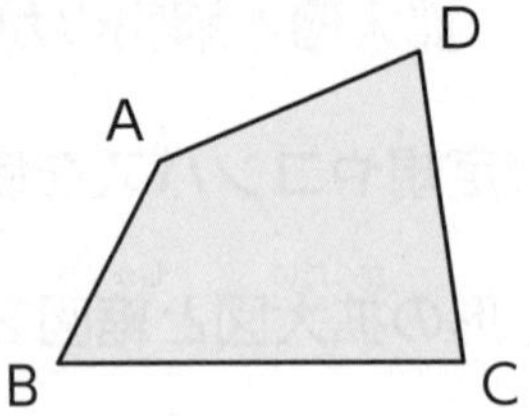

2倍の拡大《かくだい》図

3. 縮図《しゅくず》の利用

1 次の問いに答えましょう。

①あずささんが縮尺《しゅくしゃく》2万5000分の1の地図を使って，自《じ》宅《たく》から小学校までのきょりを測ったところ，8cmでした。実際のきょりは何kmでしょうか。

〔　　　　　　〕km

②つばささんが縮尺《しゅくしゃく》10万分の1の地図を使って，自宅《じたく》から小学校までのきょりを測ったところ，1.2cmでした。縮《しゅく》尺《しゃく》2万5000分の1の地図上では，つばささんの自宅《じたく》から小学校までのきょりは何cmでしょうか。

〔　　　　　　〕cm

③あやめさんの自《じ》宅《たく》にある設計図は20mのものを15cmとする縮尺《しゅくしゃく》でつくられています。この設計図上では，35mのものは何cmでかかれているでしょうか。

〔　　　　　　　　〕cm

解 答

問題 144ページ

1. 拡大《かくだい》図と縮図《しゅくず》

1 Aと同じ形の三角形　イ

2倍 (の) 拡大《かくだい》図

2 ①どちらでもない　②拡大《かくだい》図　③縮図《しゅくず》　④どちらでもない　⑤拡大《かくだい》図

3 ① 14.4 (m)　② 40 (°)　③ 200 (分の1)　④ 20 (cm)

解説 ① $20\text{cm} \times 72 = 1440\text{cm} = 14.4\text{m}$

②拡大《かくだい》・縮小《しゅくしょう》しても角度は変わりません。

③ $9\text{cm} \div 18\text{m} = 9\text{cm} \div 1800\text{cm} = \frac{9\text{cm}}{1800\text{cm}} = \frac{1}{200}$

④ $3\text{m} \times \frac{1}{15} = \frac{3}{15}\text{m} = \frac{1}{5}\text{m} = 0.2\text{m} = 20\text{cm}$

2. 拡大《かくだい》図と縮図《しゅくず》のかき方

1 略

2 略

3. 縮図《しゅくず》の利用

1 ① 2 (km)　② 4.8 (cm)　③ 26.25 (cm)

解説 ②実際のきょりは $1.2\text{cm} \times 100000 = 120000\text{cm}$ (＝1200m) これを2万5000分の1に縮小《しゅくしょう》するので，$120000\text{cm} \times \frac{1}{25000} = 4.8\text{cm}$

③まず設計図の縮尺《しゅくしゃく》を求めます。

$15\text{cm} \div 20\text{m} = 15\text{cm} \div 2000\text{cm} = \frac{15}{2000} = \frac{3}{400}$　縮尺《しゅくしゃく》は400分の3とわかりました。よって，$35\text{m} \times \frac{3}{400} = \frac{105}{400}\text{m} = 0.2625\text{m} = 26.25\text{cm}$

第6章 円の面積

1．円のおよその面積

半径10cmの円の面積はどのくらいでしょうか。

1辺10cmの正方形の面積をもとにして，見当をつけましょう。

右の図のように，半径10cmの円の面積は，正方形ＡＢＣＤの面積よりも小さいです。

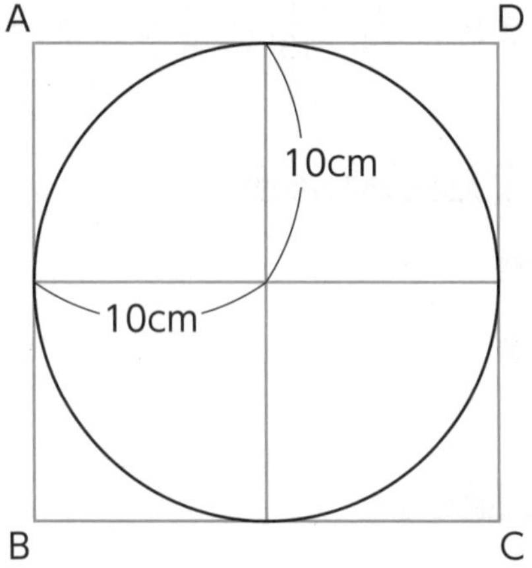

正方形ＡＢＣＤの面積は，1辺10cmの正方形の面積の4個分なので，

半径10cmの円の面積は，1辺10cmの正方形の面積4個分よりも小さいことがわかります。

右の図のように，半径10cmの円の面積は，正方形ＥＦＧＨの面積よりも大きいです。

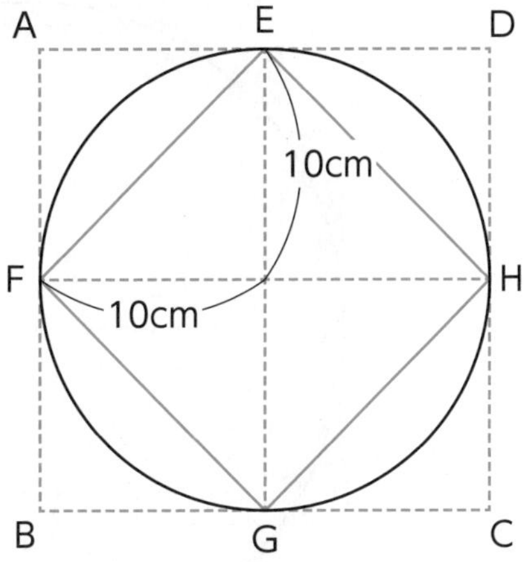

正方形ＥＦＧＨの面積は，１辺10cmの正方形の面積の２個分なので，

半径10cmの円の面積は，１辺10cmの正方形の面積２個分よりも大きいことがわかります。

したがって，半径10cmの円の面積は，１辺10cmの正方形の面積の２倍より大きく，４倍より小さいと見当をつけることができました。

1cmの方眼を使って，半径10cmの円の面積をさらにくわしく調べましょう。

次の図で，円周がとおっている方眼（■）の面積を$0.5cm^2$とすると，円の面積は何cm^2になるでしょうか。

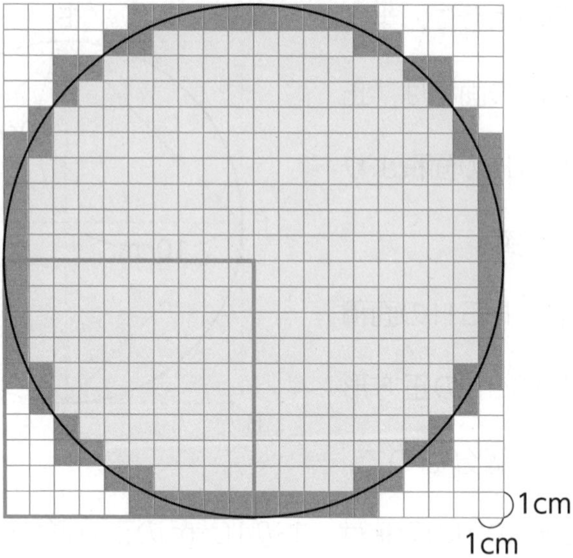

この図の太線部分（円の $\frac{1}{4}$ の部分）を大きくすると，下のようになります。

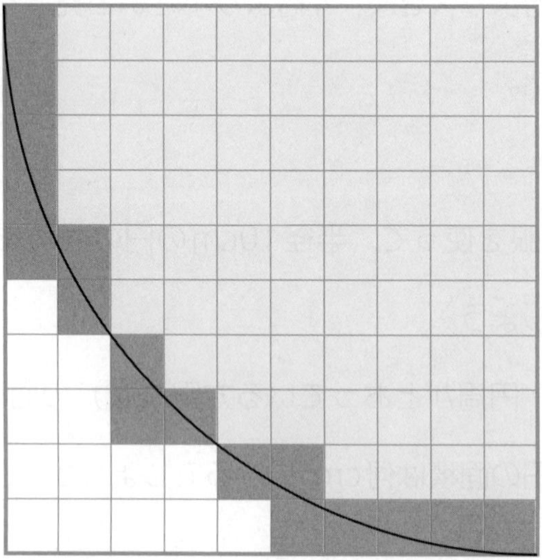

この図で，□の方眼は69個，■の方眼は17個なので，半径10cmの円の面積は，

$$(69 + 0.5 \times 17) \times 4 = 310\ (\mathrm{cm}^2)$$

と考えることができます。

したがって，半径10cmの円の面積は，1辺10cmの正方形の面積のおよそ3.1倍だということがわかりました。

2．円の面積を求める公式

円を等分して並《なら》べかえると，ある形に近づいていきます。

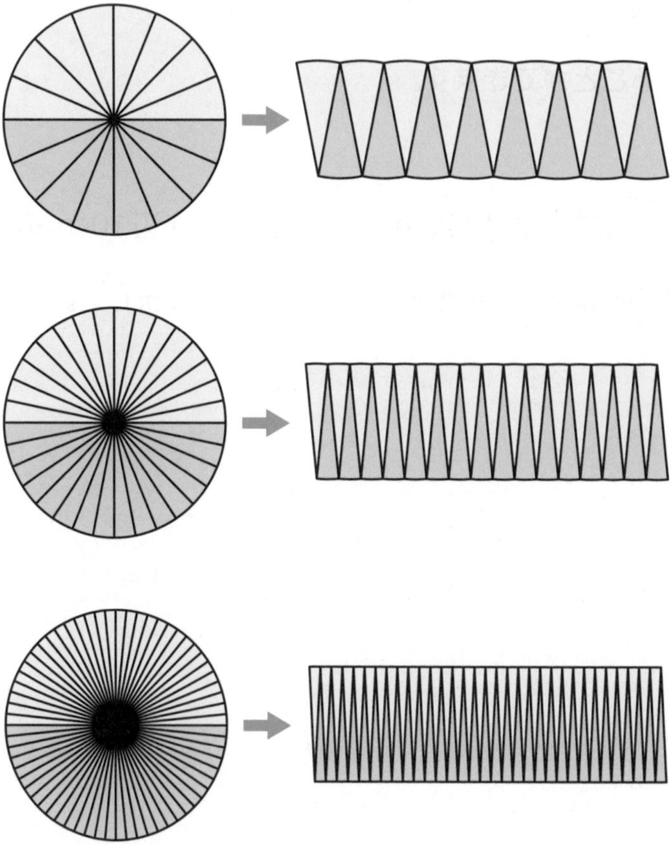

このように，円を細かく等分するほど，並《なら》べかえてできる図形は長方形に近づいていくと考えられます。

並《なら》べかえてできる長方形の縦《たて》の長さ（下の図の㋐の部分）は，もとの円の半径と同じです。また，横の長さ（下の図の㋑の部分）はもとの円の円周の半分と同じです。

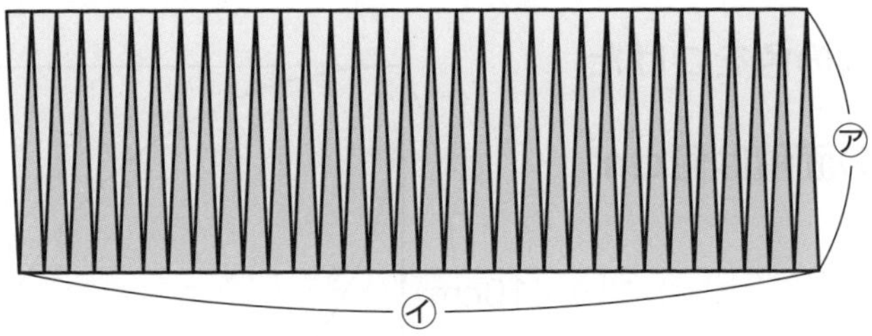

したがって，円の面積を求める公式は，

円の面積 ＝ 並《なら》べかえてできる長方形の縦《たて》 × 横

＝ 半径 × 円周 ÷ 2

＝ 半径 × 直径 × 円周率 ÷ 2

＝ 半径 × 半径 × 円周率

となります。

円の面積 ＝ 半径 × 半径 × 円周率

3．いろいろな面積の求め方

円の面積の公式を使って，いろいろな面積を求めましょう。

右の図の色をつけた部分の面積は何 cm^2 ですか。

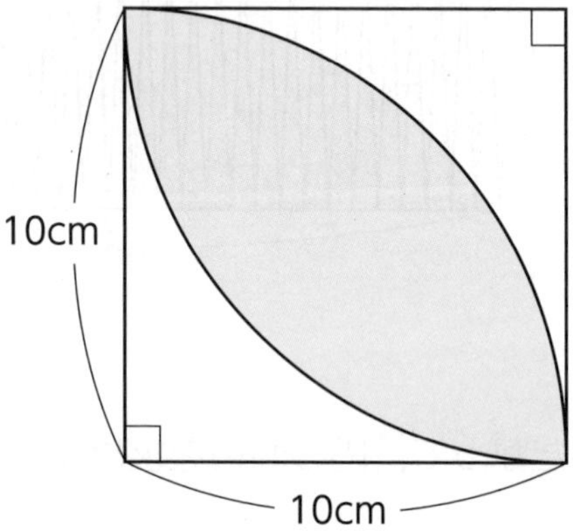

面積が簡単《かんたん》に求められるものは，次のとおりです。

㋐

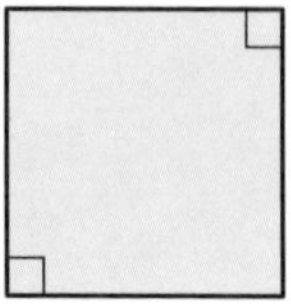

$10 \times 10 = 100\ (cm^2)$

㋑

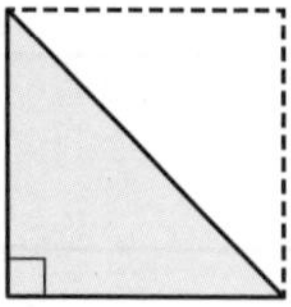

$10 \times 10 \div 2 = 50\ (cm^2)$

㋒

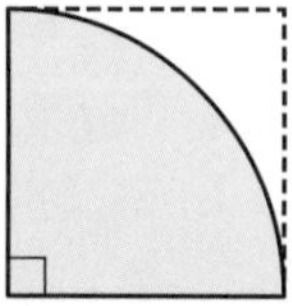

円を4等分した図形なので，

$10 \times 10 \times 3.14 \div 4 = 78.5\ (cm^2)$

〈考え方①〉

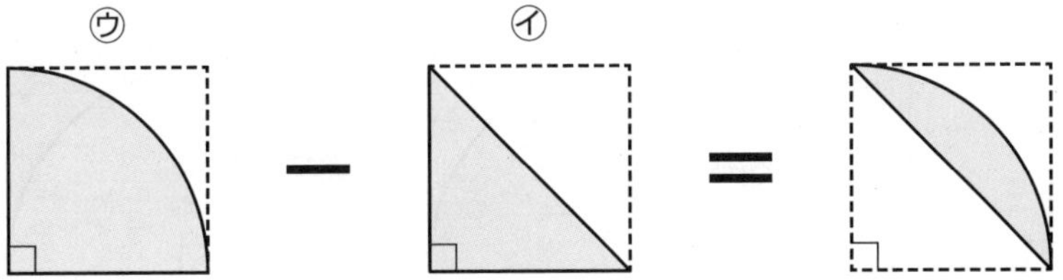

78.5　−　50　＝　28.5 (cm^2)

したがって，求める面積は，

$28.5 \times 2 = 57$ (cm^2)

〈考え方②〉

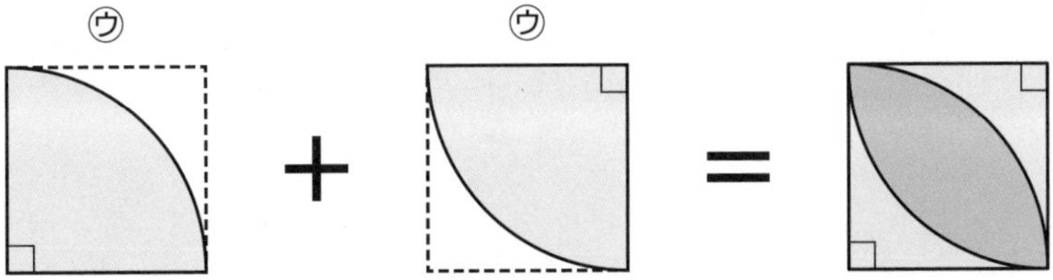

78.5　＋　78.5　＝　157 (cm^2)

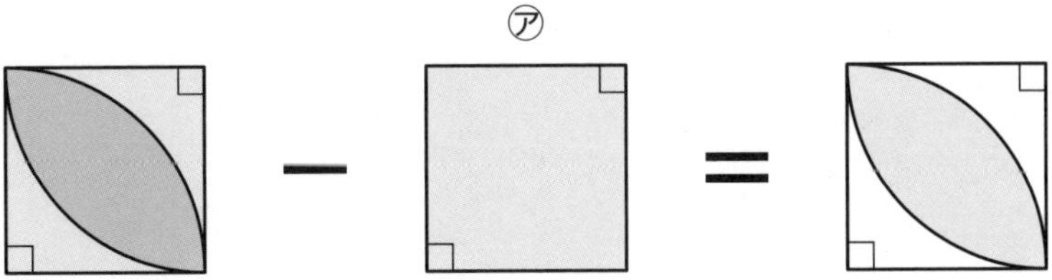

157　−　100　＝　57 (cm^2)

〈考え方③〉

㋐

−

㋒

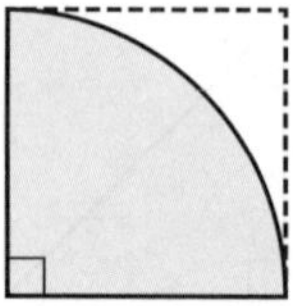

=

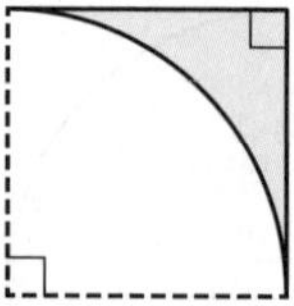

$100 - 78.5 = 21.5$ (cm^2)

㋒

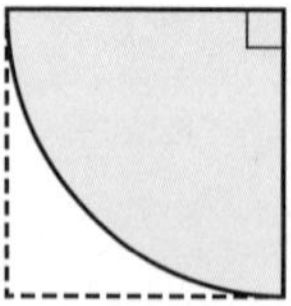

−

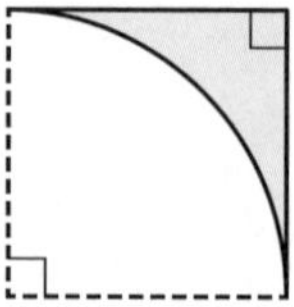

=

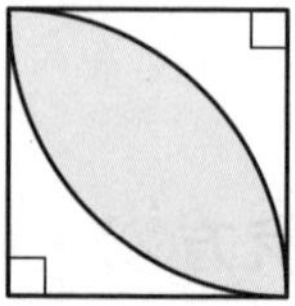

$78.5 - 21.5 = 57$ (cm^2)

図形の一部を移動させると，簡単《かんたん》に面積を求められることがあります。

右の図の色をつけた部分の面積は何cm^2ですか。

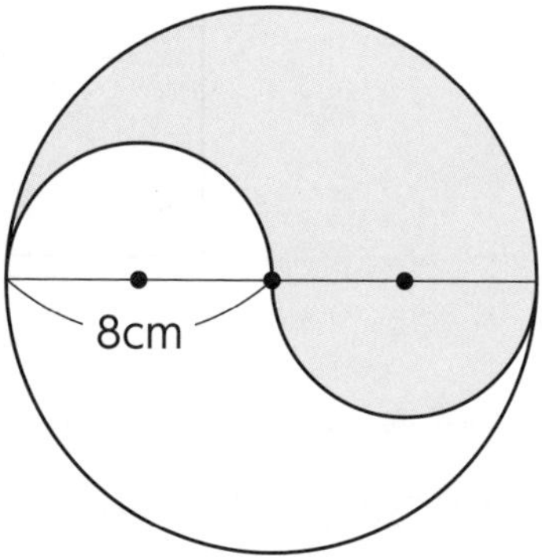

右の図のように，図形の一部を移動させると，求める面積は，半径8cmの円の面積の半分になります。

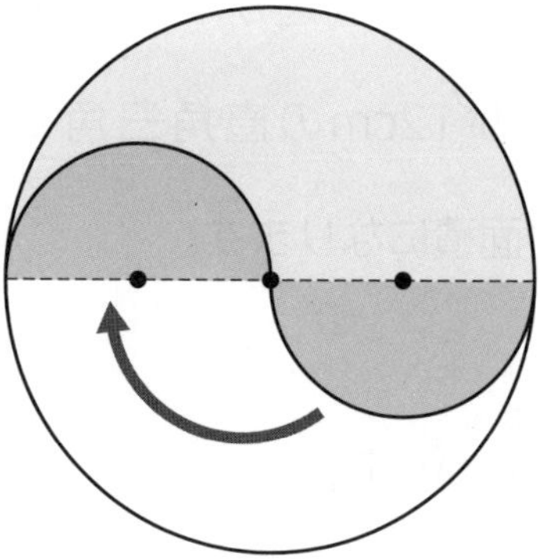

したがって，

$$8 \times 8 \times 3.14 \div 2 = 100.48\ (cm^2)$$

下の図の色をつけた部分の面積は何cm^{2}ですか。

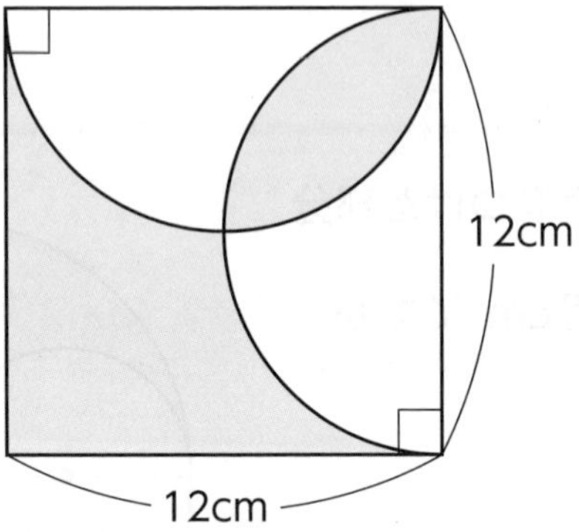

右の図のように，図形の一部を移動させると，求める面積は，底辺が12cm，高さが12cmの直角三角形の面積になります。

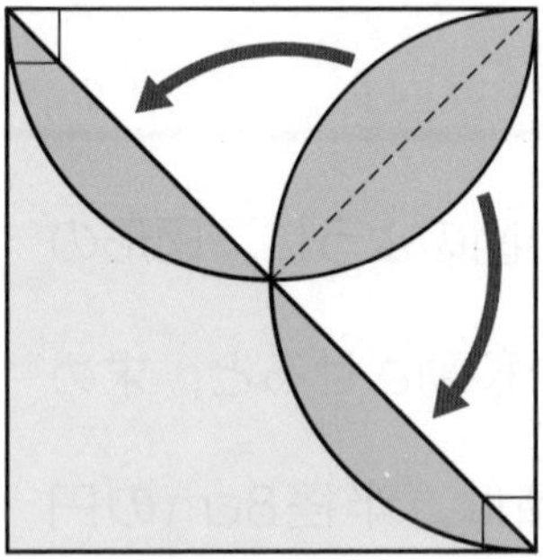

したがって，

$$12 \times 12 \div 2 = 72 \ (\mathrm{cm}^2)$$

確《かく》認《にん》問題

解答 167ページ

1. 円の面積を求める公式

1 次の面積を求めましょう。円周率は3.14とします。

①半径5cmの円　　②半径7cmの円

③半径4.5cmの円　　④直径16cmの円

⑤円周が53.38cmの円　　⑥円周が69.08cmの円

〔①　　②　　〕

〔③　　④　　〕

〔⑤　　⑥　　〕

2 次の図の面積を求めましょう。円周率は3.14とします。

①

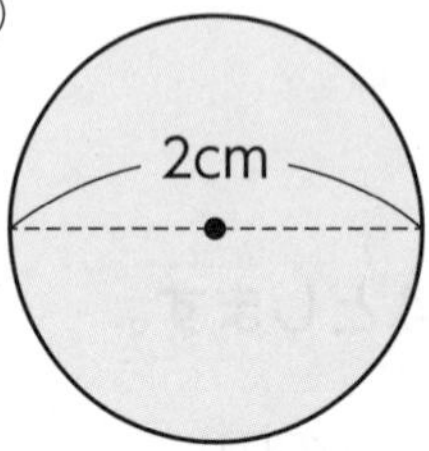

〔　　　　　　　　〕

②

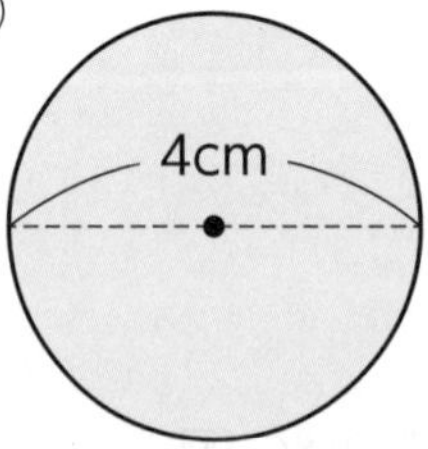

〔　　　　　　　　〕

③

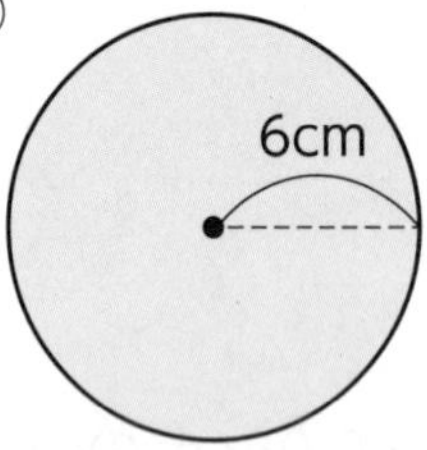

〔　　　　　　　　〕

3 コンパスを14cm開いて，円をかきました。このときかいた円の面積は何cm^2ですか。円周率は3.14とします。

〔　　　　　　　　〕cm^2

2. いろいろな面積の求め方

1 次の図の面積を求めましょう。円周率は3.14とします。

①

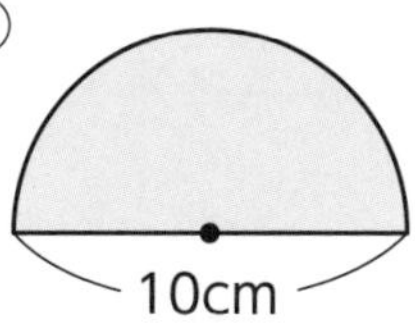

〔　　　　　　　　〕

②

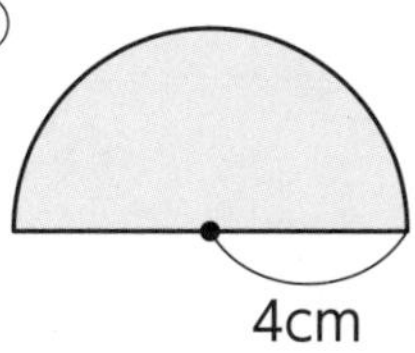

〔　　　　　　　　〕

③

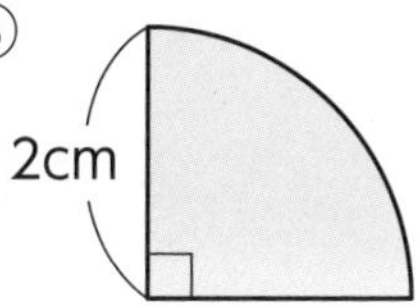

〔　　　　　　　　〕

2 半径4cmの円の形をした画用紙を4人で分けます。一枚《まい》ずつ同じ面積になるように画用紙を切ると，1人分の画用紙は何cm^{2}でしょうか。円周率は3.14とします。

〔　　　　　　　　〕cm^2

3 次の図の色をつけた部分の面積を求めましょう。円周率は3.14とします。

①

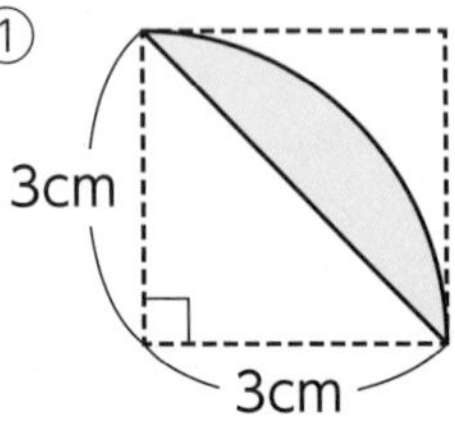

〔　　　　　　　　〕

②

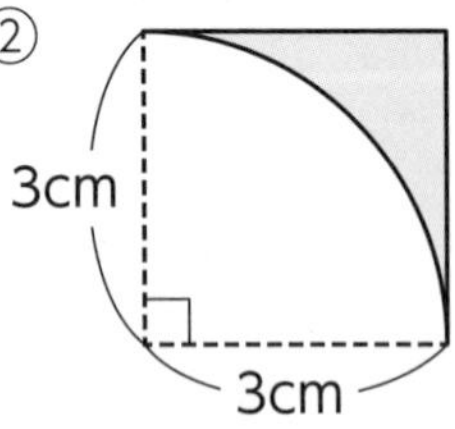

〔　　　　　　　　〕

③

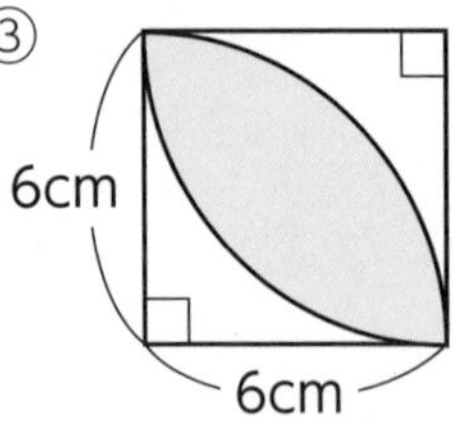

〔　　　　　　　　〕

4 半径4cmの円の形をした白い紙を，1辺8cmの水色の正方形の紙に乗せました。上から見たときに，水色が見える部分の紙の面積は何cm^2ですか。円周率は3.14とします。

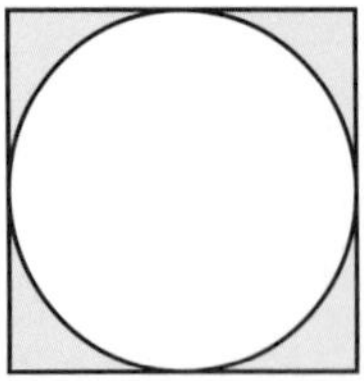

〔　　　　　　　　〕cm^2

解答

問題 163ページ

1. 円の面積を求める公式

1 ①78.5cm² ②153.86cm² ③63.585cm² ④200.96cm²

⑤226.865cm² ⑥379.94cm²

2 ①3.14cm² ②12.56cm² ③113.04cm²

3 615.44 (cm²)

2. いろいろな面積の求め方

1 ①39.25cm² ②25.12cm² ③3.14cm²

2 12.56 (cm²)

3 ①2.565cm² ②1.935cm² ③20.52cm²

4 13.76 (cm²)

第7章 角柱と円柱の体積（立体の体積）

1．角柱の体積

右の図の四角柱の体積の

求め方を考えましょう。

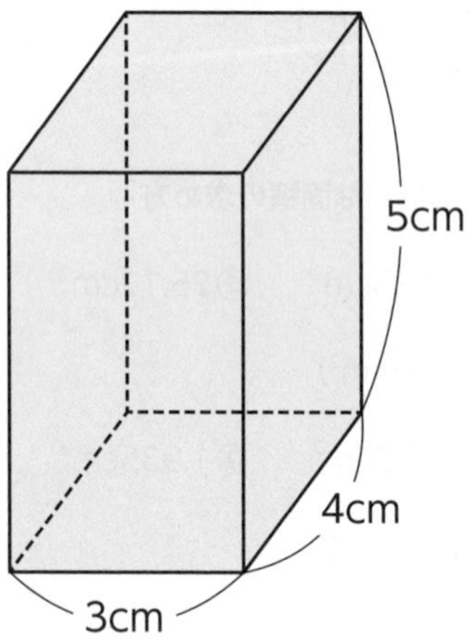

この四角柱は直方体です。直方体の体積は，(縦《たて》) × (横) × (高さ) で求められるので，体積は，

$4 \times 3 \times 5 = 60$ (cm^3)

この四角柱は，次の図のような，高さが1cmの四角柱５個分と考えることができます。

高さ1cmの四角柱の体積は，

$$4 \times 3 \times 1 = 12\ (\mathrm{cm}^3)$$

また，底面の面積は，

$$4 \times 3 = 12\ (\mathrm{cm}^2)$$

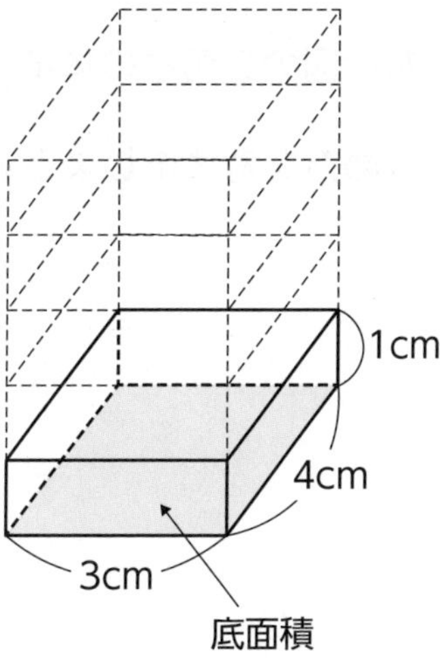

このように，高さ1cmの四角柱の体積を表す数は，底面の面積を表す数と等しくなります。

角柱や円柱の底面の面積を**底面積**といい，四角柱（直方体）の体積は，(底面積) × (高さ) で求めることができます。

右の図の三角柱の体積の

求め方を考えましょう。

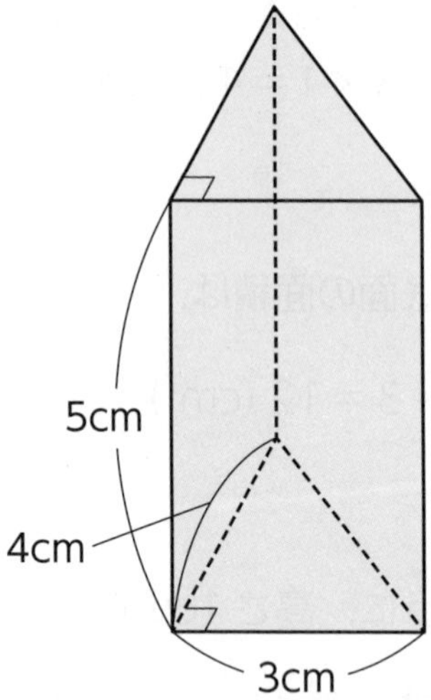

〈考え方①〉

下の図のように，直方体の体積の半分と考えて，

$4 \times 3 \times 5 \div 2 = 30\ (\mathrm{cm}^3)$

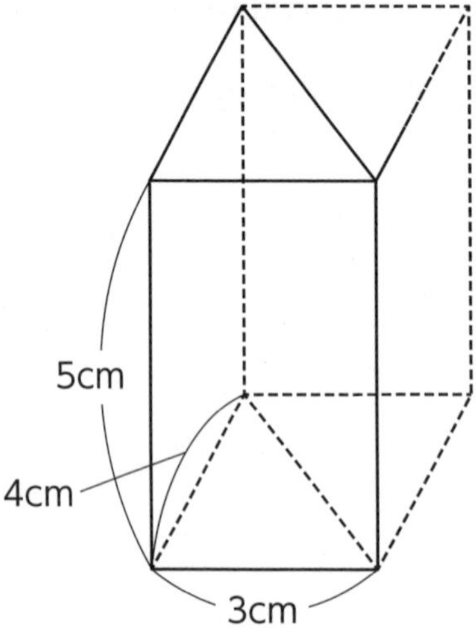

〈考え方②〉

四角柱のときと同じように，高さ 1cm の三角柱の体積を表す数は，底面積を表す数と等しくなります。

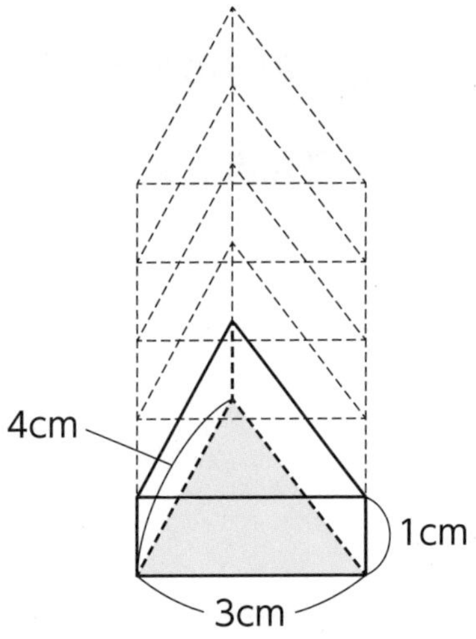

したがって，体積は，(底面積) × (高さ) で求めることができます。

$$\underbrace{3 \times 4 \div 2}_{\text{底面積}} \times \underbrace{5}_{\text{高さ}} = 30\ (\mathrm{cm}^3)$$

このように，どんな角柱も，(底面積) × (高さ) で体積を求めることができます。

角柱の体積 ＝ 底面積 × 高さ

2．円柱の体積

右の図の円柱の体積の求め方を考えましょう。

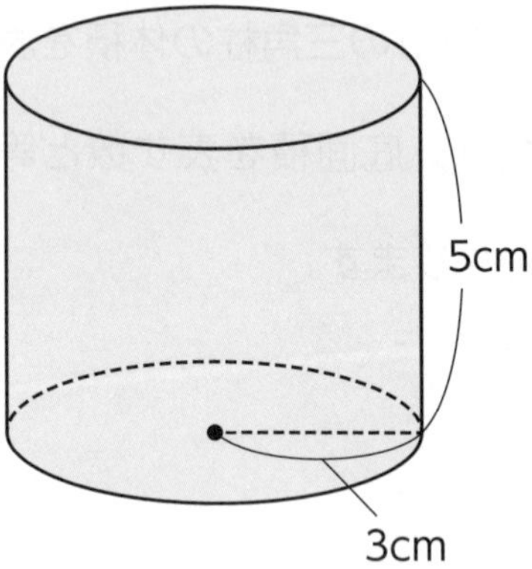

円の面積の求め方をもとにして考えます。

下の図のように，円柱を等分して並《なら》べかえると，四角柱に近づいていきます。

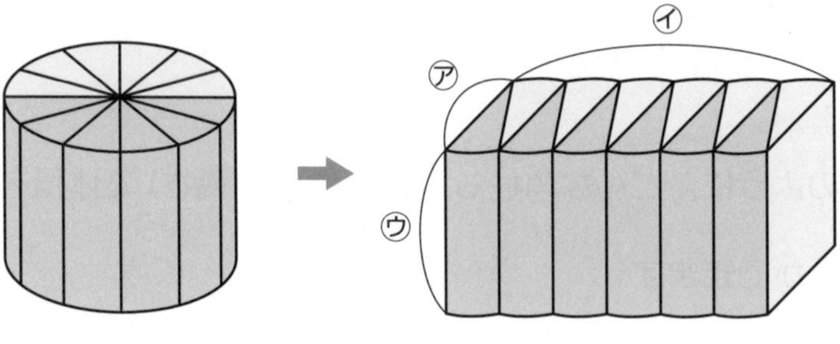

並《なら》べかえてできる四角柱の底面の縦《たて》の長さ（上の図の㋐の部分）は，もとの円柱の底面の半径と同じです。また，横の長さ（上の図の㋑の部分）は，もとの円柱の底面の円周の半分と同じで

す。さらに，高さ（前ページの図の㋒の部分）は，もとの円柱の高さと同じです。

したがって，もとの円柱の体積は，

$$\underset{\text{半径(㋐)}}{\underline{3}} \times \underset{\text{円周の半分(㋑)}}{\underline{3 \times 2 \times 3.14 \div 2}} \times \underset{\text{高さ(㋒)}}{\underline{5}} = 141.3\ (\text{cm}^3)$$

角柱の体積を求める式にあてはめると，

$$\underset{\text{底面積}}{\underline{3 \times 3 \times 3.14}} \times \underset{\text{高さ}}{\underline{5}} = 141.3\ (\text{cm}^3)$$

このように，円柱の体積も，(底面積)×(高さ)で求めることができます。

円柱の体積 ＝ 底面積 × 高さ

参考

右のように，底面をまちがえないように注意しましょう。

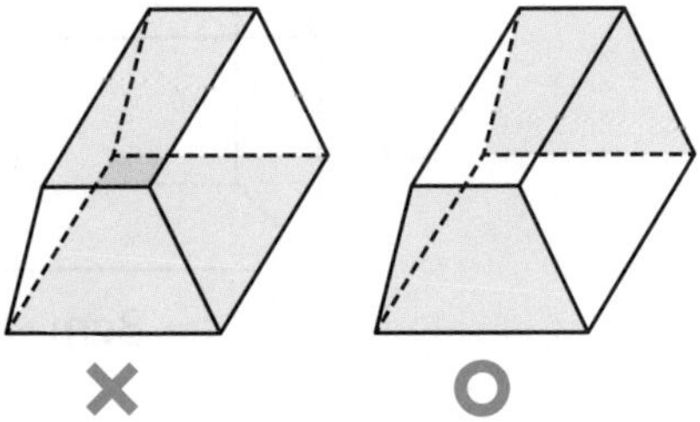

3．工夫《くふう》した体積の求め方

角柱や円柱の体積を求める公式を使って，いろいろな立体の体積を求めましょう。

右の図の立体の体積は何 cm^3 ですか。

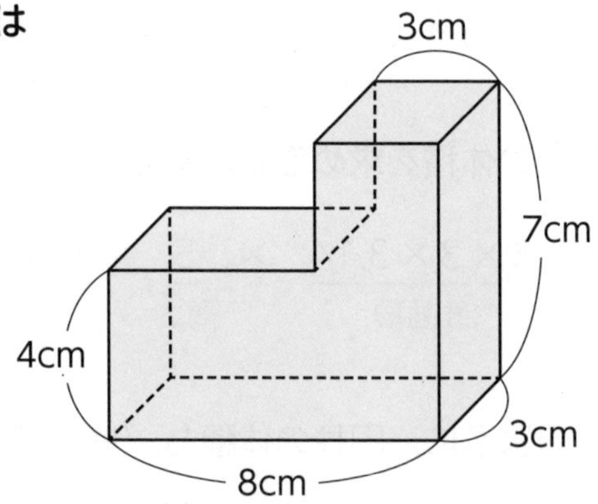

5年では，下の図のように，立方体や直方体に分けて，

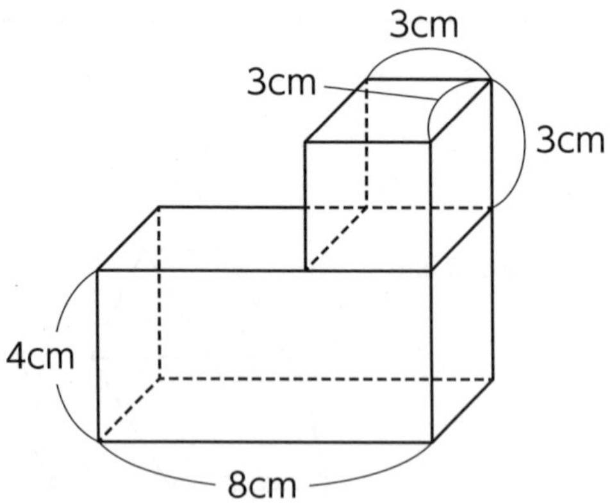

$$3 \times 3 \times 3 + 3 \times 8 \times 4 = 123\ (\mathrm{cm}^3)$$

と求めました。

（底面積）×（高さ）にあてはめて体積を求めるには，どんな立体と考えればよいでしょうか。

右の図のように，色をつけた部分が底面の角柱と考えると，底面積は，

$$7 \times 8 - 3 \times 5 = 41\ (\mathrm{cm}^2)$$

したがって，体積は，

$$41 \times 3 = 123\ (\mathrm{cm}^3)$$

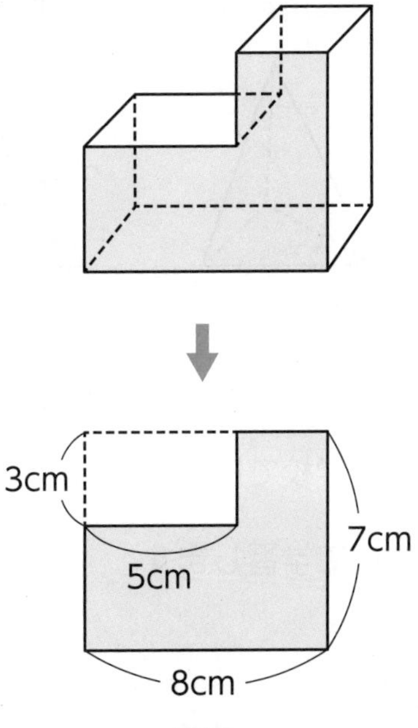

底面

発《はっ》展《てん》事《じ》項《こう》 — 余《よ》裕《ゆう》のある人向け

下の図のような立体を，三角すい，四角すい，…，円すいといいます。

三角すい　四角すい　円すい

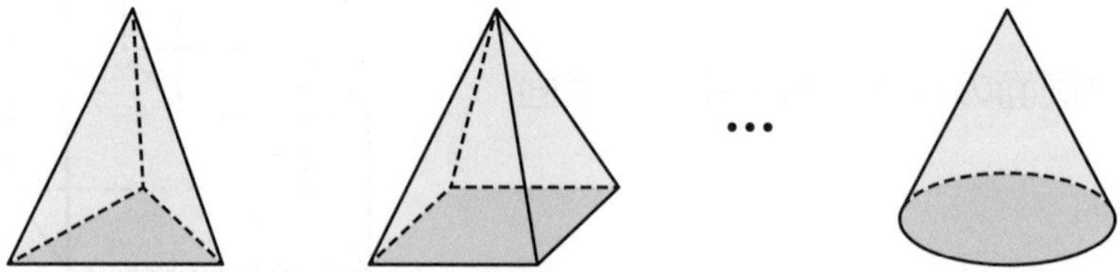

底面が三角形　底面が四角形　底面が円

中学校では，このような立体の体積や表面の面積の求め方について学習します。

確《かく》認《にん》問題

解答 181ページ

1 次の角柱の体積を求めましょう。

①

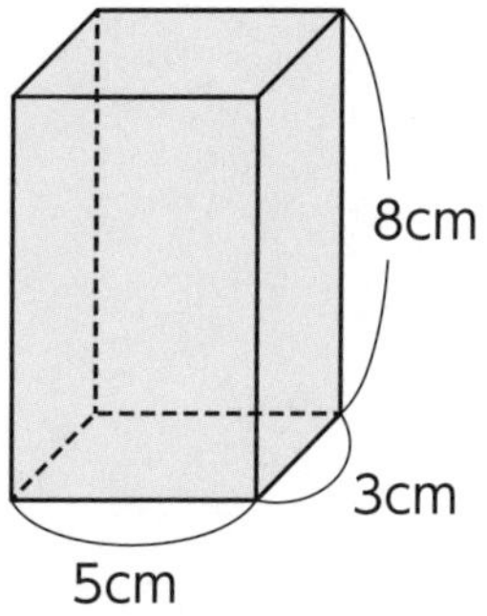

〔　　　　　　　　〕cm^3

②

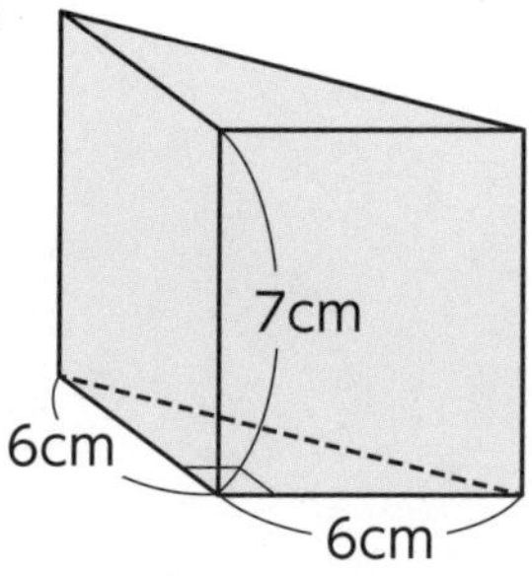

〔　　　　　　　　〕cm^3

③

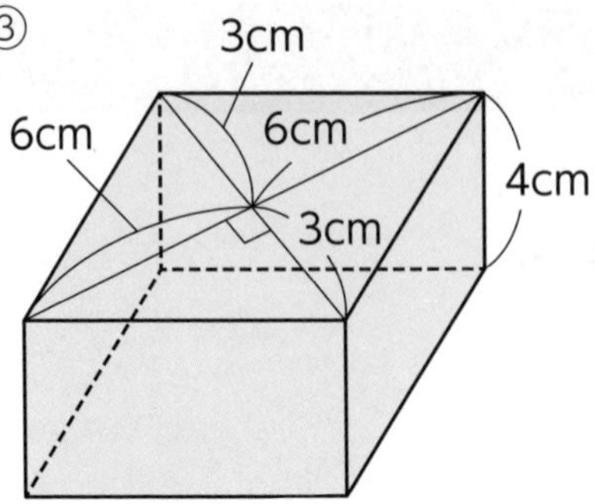

〔　　　　　　　　〕cm^3

④

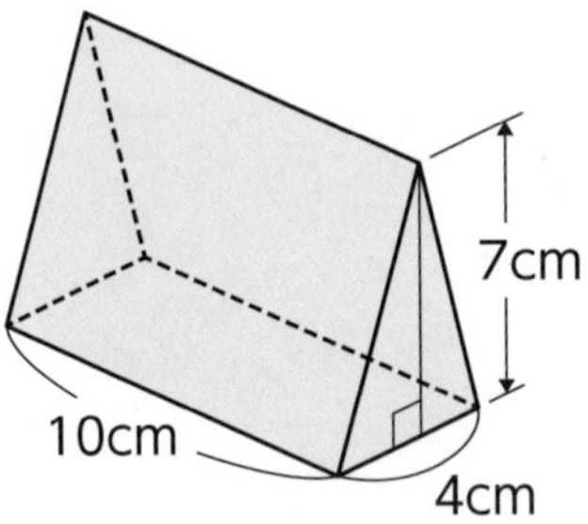

〔　　　　　　　　〕cm^3

⑤

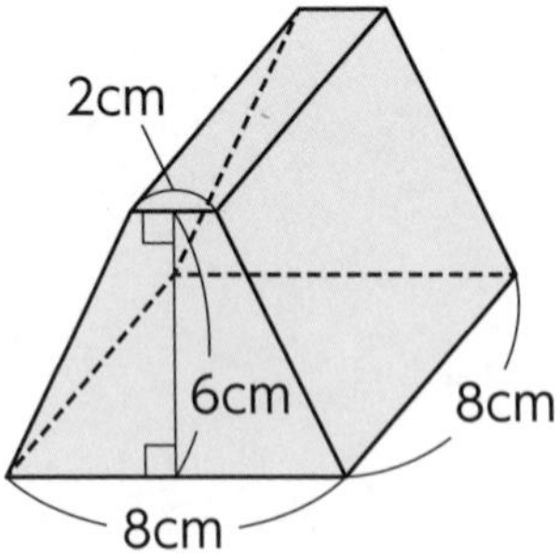

〔　　　　　　　　〕cm^3

2 次の円柱の体積を求めましょう。円周率は3.14とします。

①

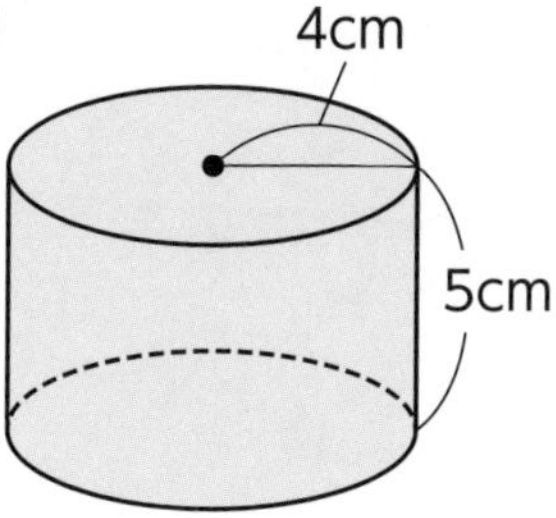

〔　　　　　　　〕cm^3

②

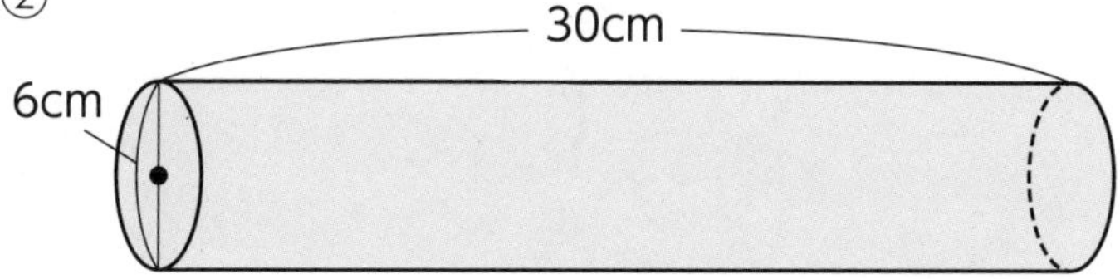

〔　　　　　　　〕cm^3

③

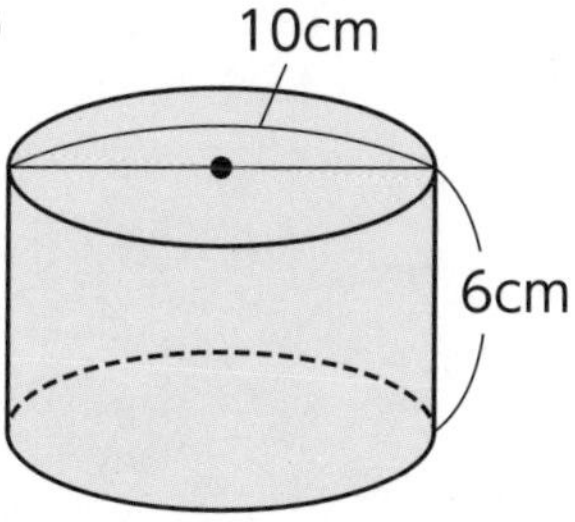

〔　　　　　　　〕cm^3

3 次の問いに答えましょう。円周率は3.14とします。

①下の図の立体の体積を求めましょう。

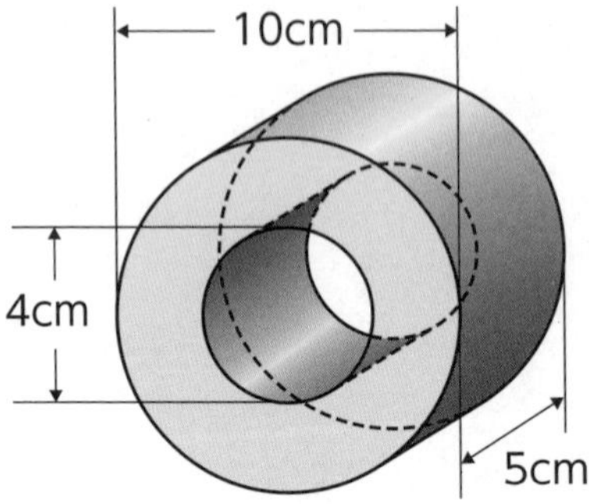

〔　　　　　　　　〕cm^3

②下のようなつつ状の入れ物があります。内側の底面の直径は20cmです。この入れ物に7536cm^3の水を入れると，水の深さは何cmになりますか。

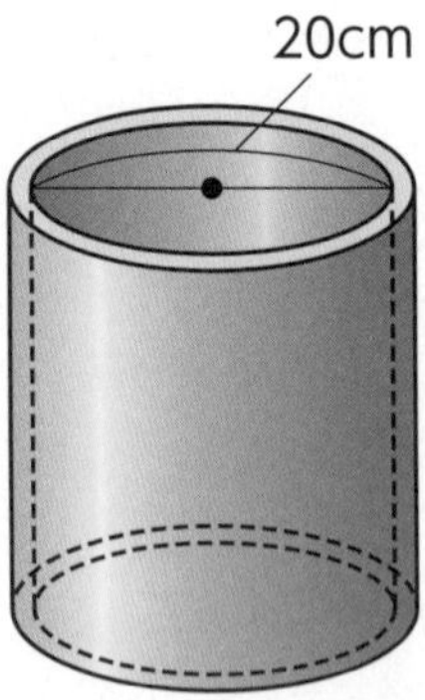

〔　　　　　　　　〕cm

解答

問題 177ページ

1 ①120 (cm^3)　②126 (cm^3)　③144 (cm^3)

④140 (cm^3)　⑤240 (cm^3)

解説 ③底面はひし形であるため，ひし形の面積の求め方を用いて底面積を求めます。

式　$(3+3)\times(6+6)\div 2\times 4=144$

④三角形の面を底面と考えます。

式　$4\times 7\div 2\times 10=140$

⑤台形の面を底面と考えます。

式　$(2+8)\times 6\div 2\times 8=240$

2 ①251.2 (cm^3)　②847.8 (cm^3)　③471 (cm^3)

3 ①329.7 (cm^3)　②24 (cm)

解説 ①立体の底面積は，直径10cmの円から直径4cmの円をひいて求めることができます。

式　$(5\times 5\times 3.14-2\times 2\times 3.14)\times 5=21\times 3.14\times 5=329.7$

もしくは，大きな円柱から小さな円柱を取り除《のぞ》いて体積を求めてもいいでしょう。

式　$5\times 5\times 3.14\times 5-2\times 2\times 3.14\times 5=392.5-62.8=329.7$

②入れる水の量を入れ物の底面積でわれば，水の深さを求めることができます。

式　$7536\div(10\times 10\times 3.14)=24$

第 8 章　およその面積と体積

1．およその面積

いろいろなもののおよその形を考えて，その面積を求めましょう。

右のような形をした公園があります。
この公園のおよその面積は何m^2ですか。

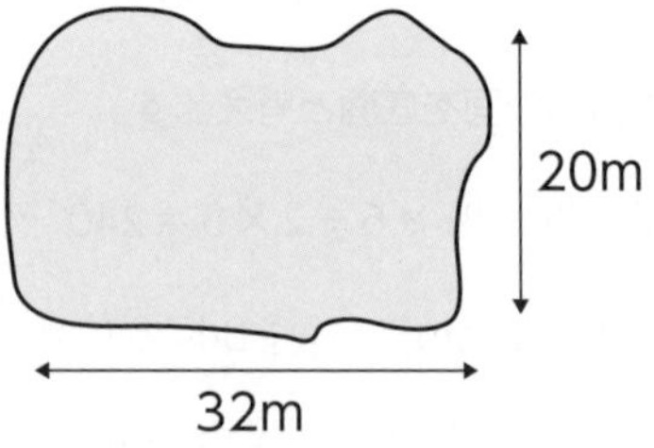

右の図のように，この公園のおよその形を，縦《たて》20 m，横32 mの長方形と考えます。

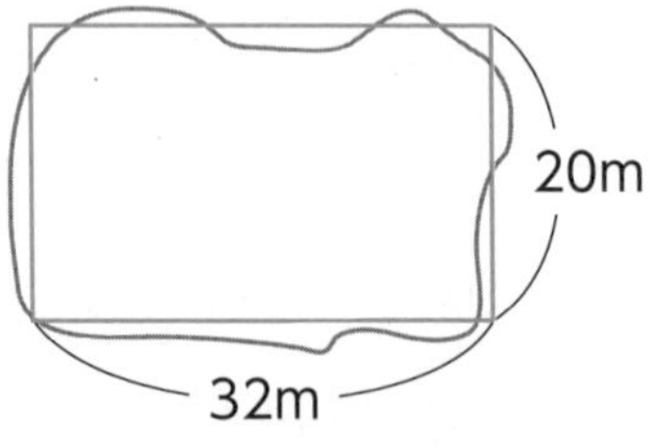

したがって，およその面積は，

$$20 \times 32 = 640\ (m^2)$$

拡大《かくだい》図と縮図《しゅくず》で学んだことを使って，およその面積を求めましょう。

埼玉県の実際の面積は3798km^{2}です。

次の図で，埼玉県のおよその形を台形と考えて，およその面積を求めましょう。

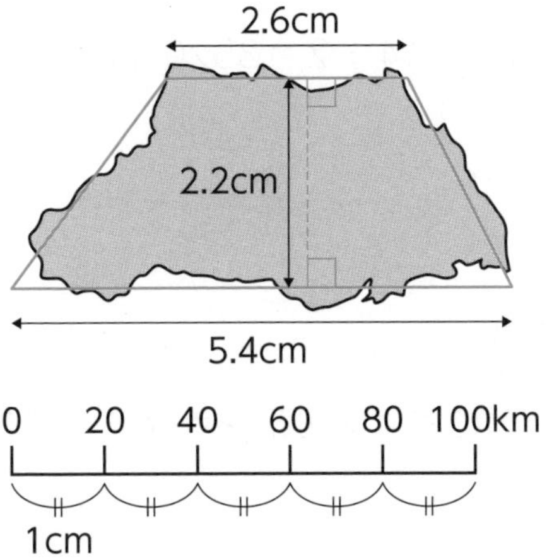

およその面積を求めるために台形と考えると，右の図のようになります。

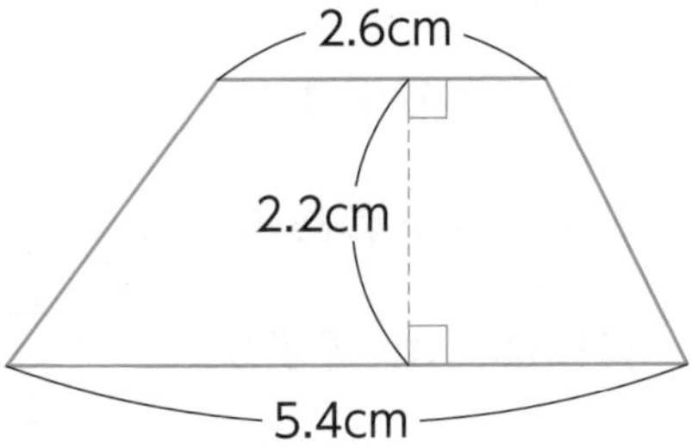

縮尺《しゅくしゃく》 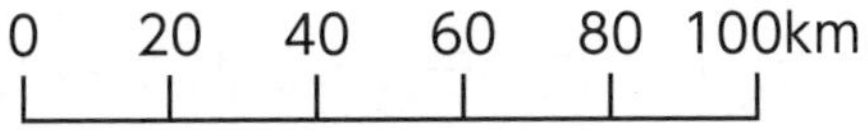

より，

上の図は20kmを1cmで表しているので，実際の長さはそれぞれ，

上底…$20 \times 2.6 = 52$ (km)

下底…$20 \times 5.4 = 108$ (km)

高さ…$20 \times 2.2 = 44$ (km)

したがって，およその面積は，

$(52 + 108) \times 44 \div 2 = 3520$ (km^2)

2．およその体積

いろいろなもののおよその形を考えて，その体積を求めましょう。

右のような形をしたテントがあります。このテントのおよその体積は何m^3ですか。

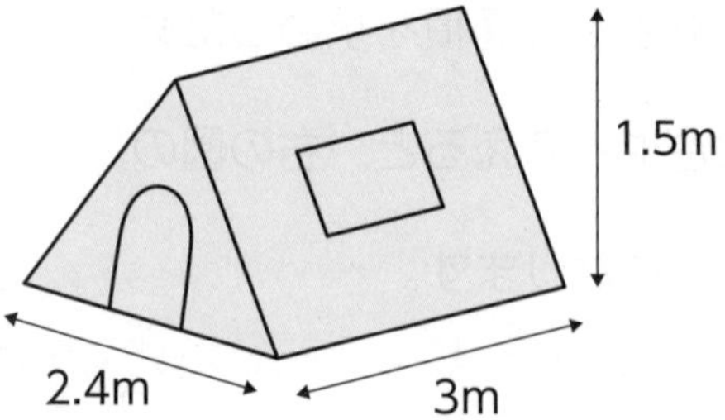

次のページの図のように，このテントのおよその形を三角柱と考えます。

この三角柱の底面積は,

$$2.4 \times 1.5 \div 2 = 1.8\ (\mathrm{m}^2)$$

したがって，およその体積は,

$$1.8 \times 3 = 5.4\ (\mathrm{m}^3)$$

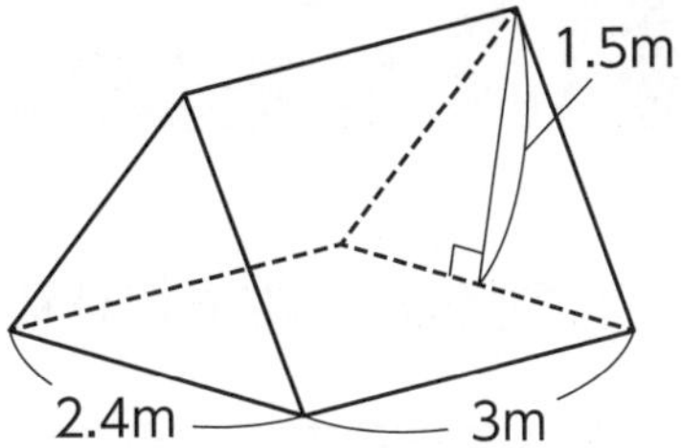

右の図は，ケーキを半分に切ったものです。このケーキのおよその体積は何 cm^3 ですか。

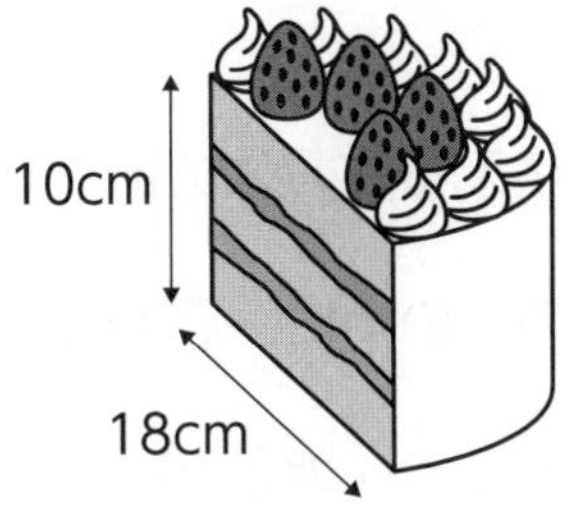

右の図のように，このケーキのおよその形を，円柱を2等分した立体と考えます。

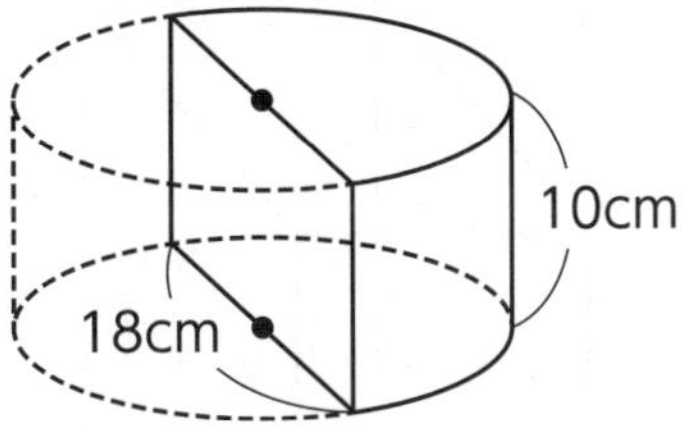

この立体の底面積は,

$$9 \times 9 \times 3.14 \div 2 = 127.17\ (\mathrm{cm}^2)$$

したがって，およその体積は,

$$127.17 \times 10 = 1271.7\ (\mathrm{cm}^3)$$

発《はっ》展《てん》事《じ》項《こう》 ― 余《よ》裕《ゆう》のある人向け

右の図のような石の体積を求めることはできるでしょうか。およその形を考えて求めるよりも，さらに正確な体積を知る方法があります。

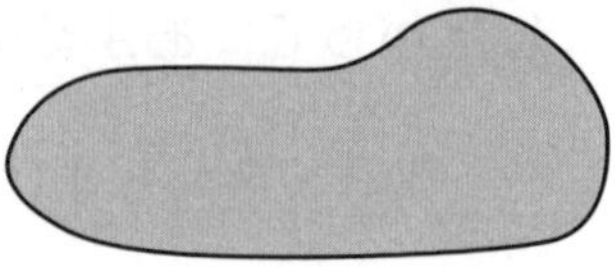

① 石が入る直方体の形をした容器に水を入れます。

② ①の水の中に，石を完全にしずめます。

このとき，水面の高さは，石を入れる前よりも2cm上がりました。

①

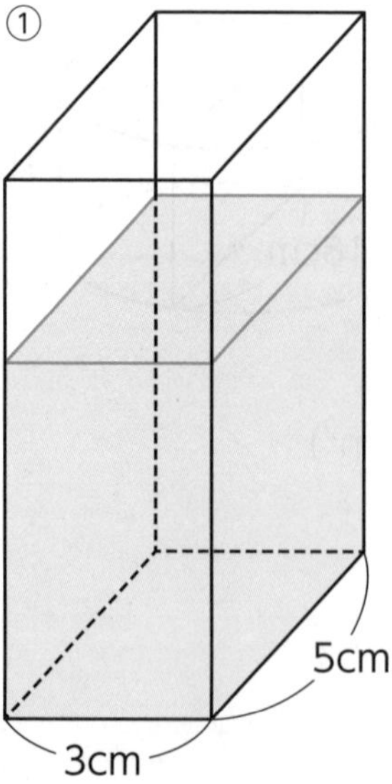

②

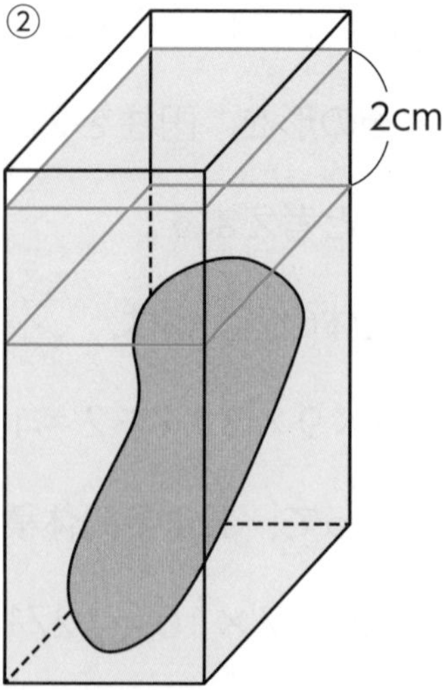

③　石の体積は，この上がった水面の部分と等しいので，

$5 \times 3 \times 2 = 30$ (cm^3)

③

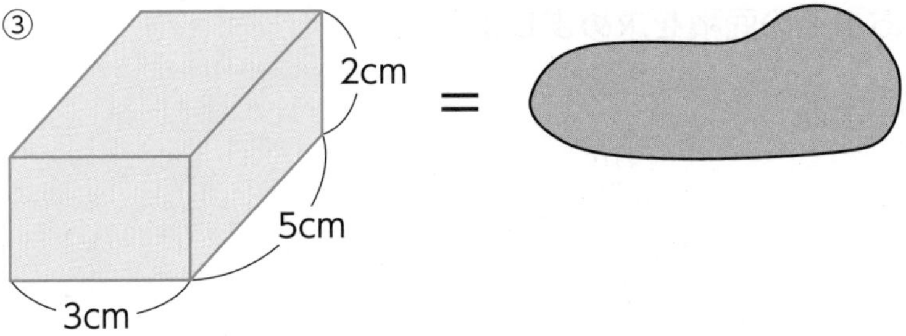

確《かく》認《にん》問題　解答 191ページ

1 およその面積を求めましょう。

①土地

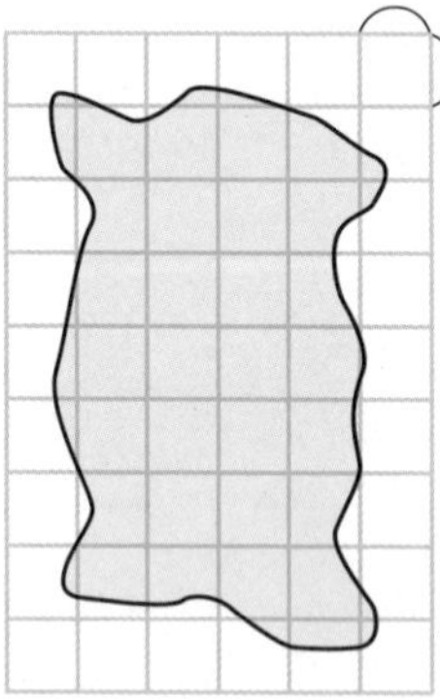

〔　　　　　　　　〕m^2

②ハンガー

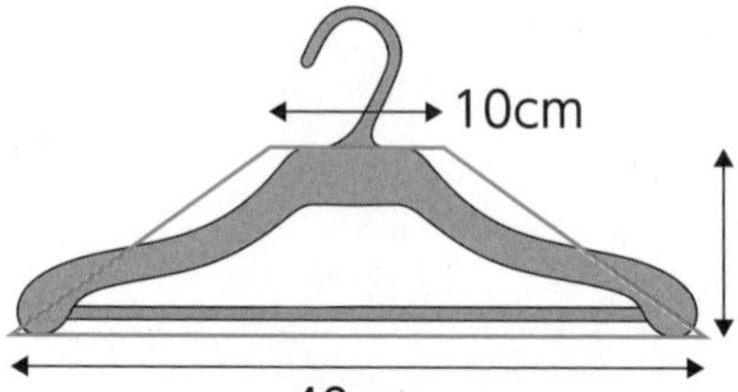

〔　　　　　　　　〕cm^2

2 およその体積を求めましょう。円周率は3.14とします。

①本

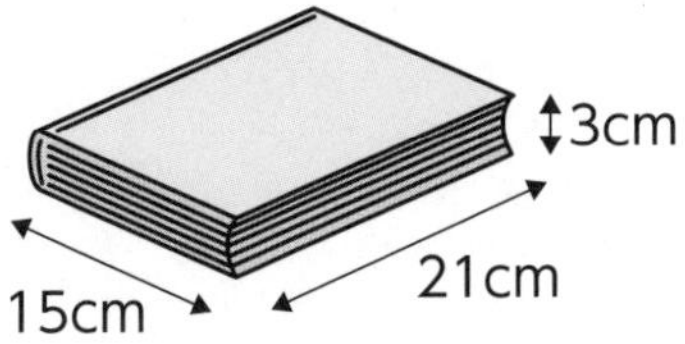

〔　　　　　　　〕cm^3

②ペットボトルに入った水

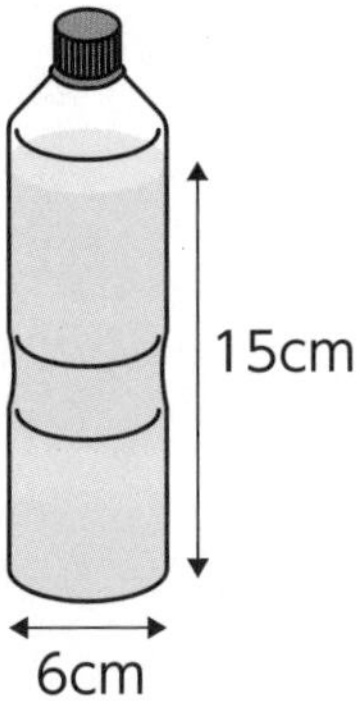

〔　　　　　　　〕cm^3

③カップ

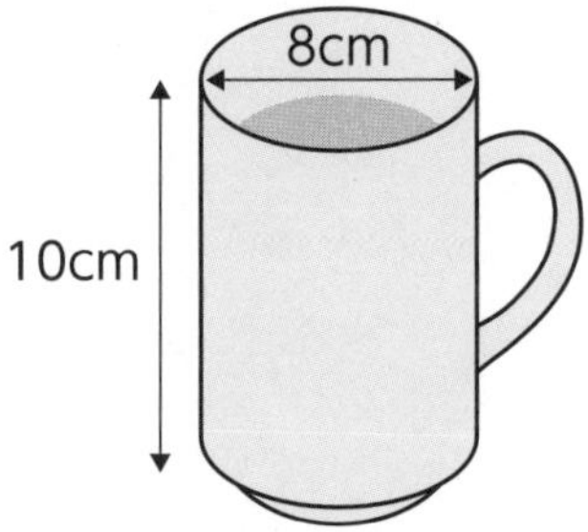

〔　　　　　　　〕cm^3

3 下の図は岡山県です。およその面積を求めましょう。

円周率は3.14とします。

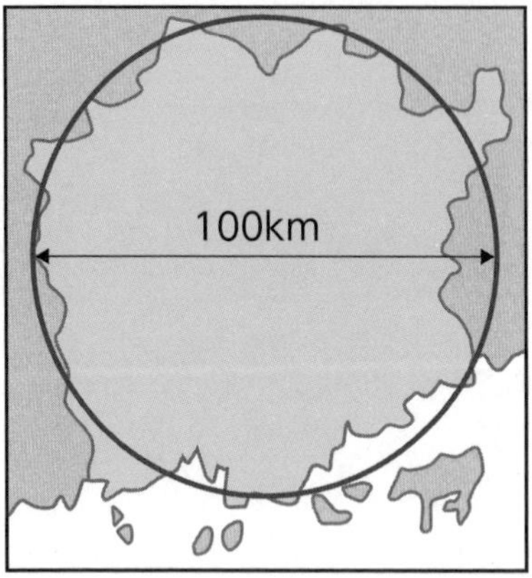

〔　　　　　　　　　　〕km^2

解答

問題 188ページ

1 ①28 (m^2)　②375 (cm^2)

解説 ①長方形とみてマス目を数えます。縦《たて》が7m，横が4mの長方形の面積は，

式　$7 \times 4 = 28$

②台形とみると，

式　$(10 + 40) \times 15 \div 2 = 375$

2 ①945 (cm^3)　②423.9 (cm^3)　③502.4 (cm^3)

解説 ①直方体とみると，

式　$15 \times 21 \times 3 = 945$

②円柱とみると，

式　$3 \times 3 \times 3.14 \times 15 = 423.9$

3 7850 (km^2)

解説 半径50kmの円とみて，面積を求めます。

式　$50 \times 50 \times 3.14 = 7850$

第9章　比例《ひれい》と反比例《はんぴれい》

1．比例《ひれい》とは

分速20 mで進むロボットがあります。

次の表は，このロボットの進む時間 x 分と進む道のり y m の関係を表したものです。

時間　x（分）	1	2	3	4	5	6	…
道のり y（m）	20	40	60	80	100	120	…

この表を見て，x と y の変わり方を調べましょう。

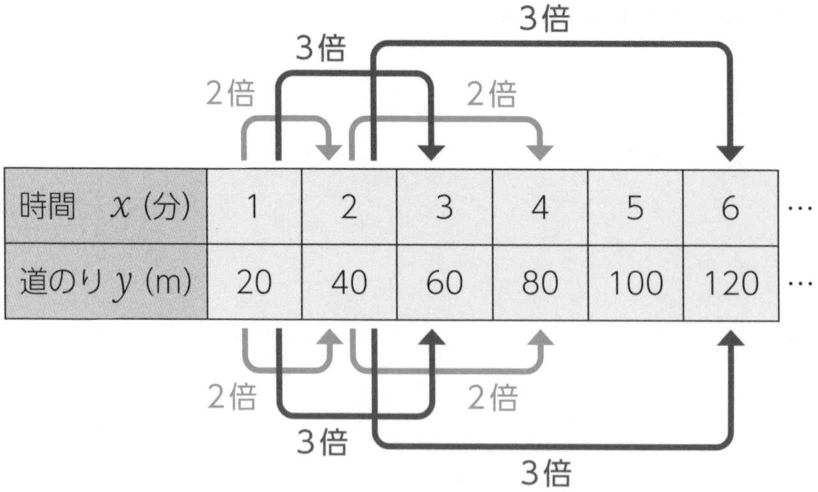

時間　x（分）	1	2	3	4	5	6	…
道のり y（m）	20	40	60	80	100	120	…

この表で，x の値《あたい》が1から2に，また，2から4に，2倍になると，y の値《あたい》も2倍になっています。x の値《あたい》が1から3に，また，2から6に，3倍になると，y の値《あたい》も3倍になっています。

このように，ともなって変わる2つの量 x，y があり，

・x の値《あたい》が2倍，3倍，……になると，y の値《あたい》も2倍，3倍，……になるとき，

・x の値《あたい》が $\frac{1}{2}$ 倍，$\frac{1}{3}$ 倍，……になると，y の値《あたい》も $\frac{1}{2}$ 倍，$\frac{1}{3}$ 倍，……になるとき，

y は x に比例《ひれい》するといいます。

さらに，比例《ひれい》する2つの量 x，y では，

y の値《あたい》 ÷ x の値《あたい》 ＝ 決まった数

となります。

この表では，決まった数は20になります。

時間　x（分）	1	2	3	4	5	6	…
道のり y（m）	20	40	60	80	100	120	…
	20÷1 ＝20	40÷2 ＝20	60÷3 ＝20	80÷4 ＝20	100÷5 ＝20	120÷6 ＝20	

2．比例《ひれい》の式

前の表から，道のりが時間に比例《ひれい》する関係を式に表しましょう。

$y \div x = 20$　より，

$y = 20 \times x$

このように，y が x に比例《ひれい》するとき，y を x の式で表すと，

y ＝ 決まった数 × x

となります。

3．比例《ひれい》のグラフ

比例《ひれい》の関係を表す式

$$y = 20 \times x$$

をグラフに表しましょう。

① 横軸《よこじく》は x の値《あたい》，縦軸《たてじく》は y の値《あたい》の目盛《めも》りです。

表をもとに，x と y の値《あたい》の組を表す点をとります。

時間　x（分）	1	2	3	4	5	6	…
道のり y（m）	20	40	60	80	100	120	…

x の値《あたい》が0，0.5，1.5，2.5，3.5，4.5，5.5のときの対応する y の値《あたい》は，次の表のようになります。

この x と y の値《あたい》の組を表す点もとりましょう。

時間　x（分）	0	0.5	1.5	2.5	3.5	4.5	5.5
道のり y（m）	0	10	30	50	70	90	110

ロボットの進む時間と道のり

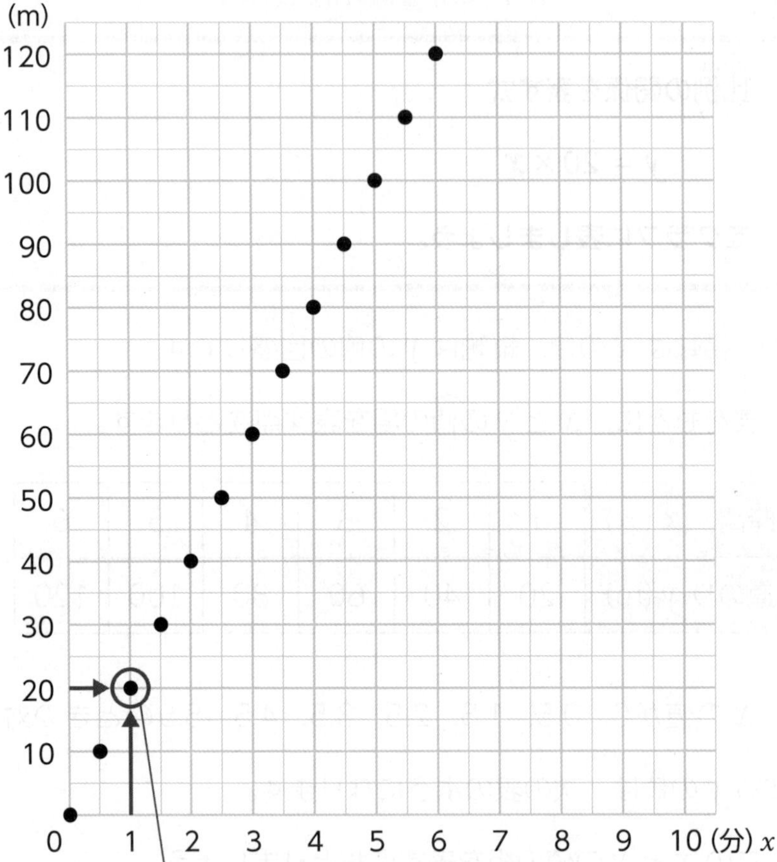

xの値《あたい》が1, yの値《あたい》が20を表す点です

② ①の点を直線で結ぶと，次のような直線になります。

この直線が　$y=20\times x$　のグラフです。

ロボットの進む時間と道のり

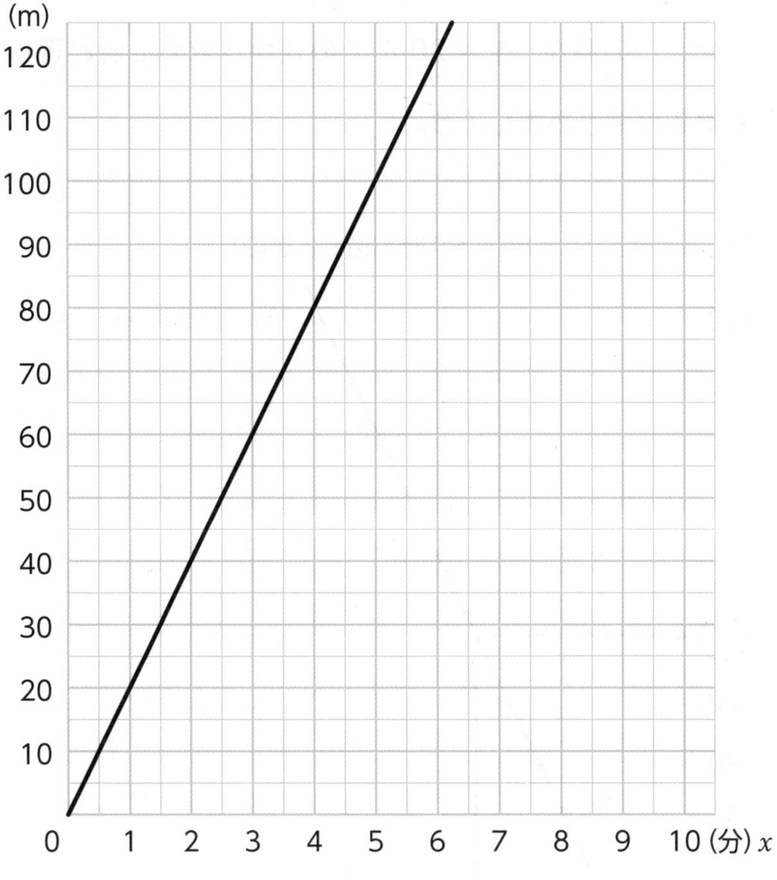

このように，比《ひ》例《れい》する関係を表すグラフは，**直線で，0の点をとおります。**

前のグラフから，次の値《あたい》を読み取りましょう。

　　x の値《あたい》が3.5のときの y の値《あたい》

　　y の値《あたい》が30のときの x の値《あたい》

また，この値《あたい》が，$y=20\times x$ の式から求めた値《あたい》と等しくなるか確かめましょう。

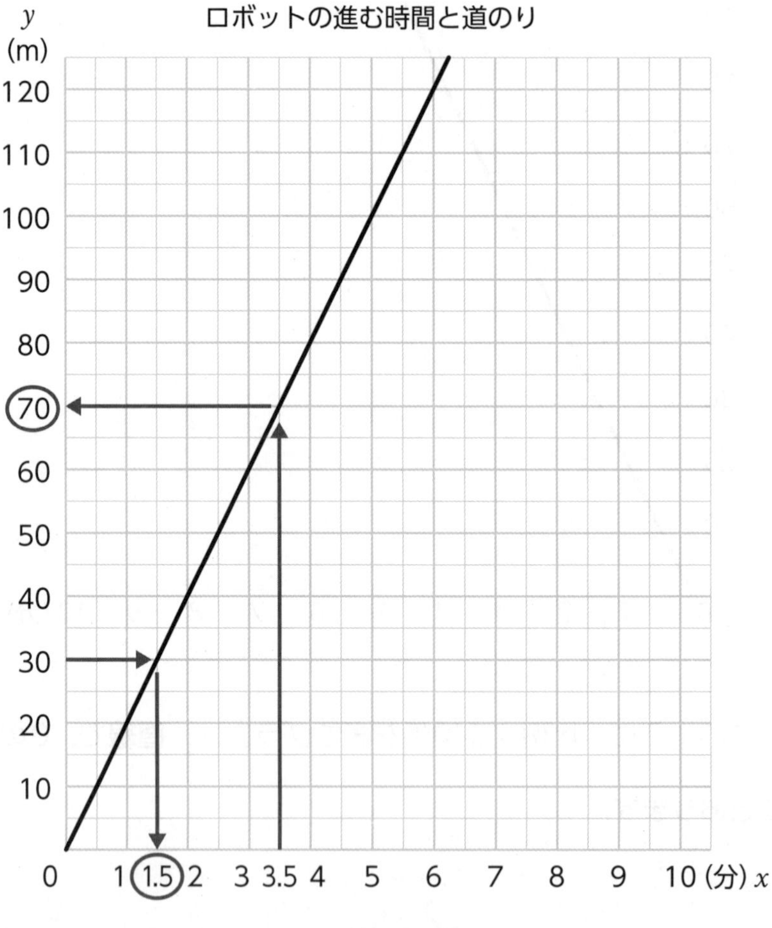

左のグラフのように，x の値《あたい》が3.5のときの y の値《あたい》は70，y の値《あたい》が30のときの x の値《あたい》は1.5です。

$y=20\times x$ の x に3.5をあてはめると，

$$
\begin{aligned}
y &= 20\times 3.5\\
&= 70
\end{aligned}
$$

$y=20\times x$ の y に30をあてはめると，

$$
\begin{aligned}
30 &= 20\times x\\
x &= 30\div 20\\
&= 1.5
\end{aligned}
$$

グラフから求めた値《あたい》と，$y=20\times x$ の式から求めた値《あたい》は，等しくなりました。

次のグラフは，兄と弟が同時に家を出発し，同じ道を通って公園まで進んだときの，出発してからの時間と進んだ道のりをそれぞれ表しています。

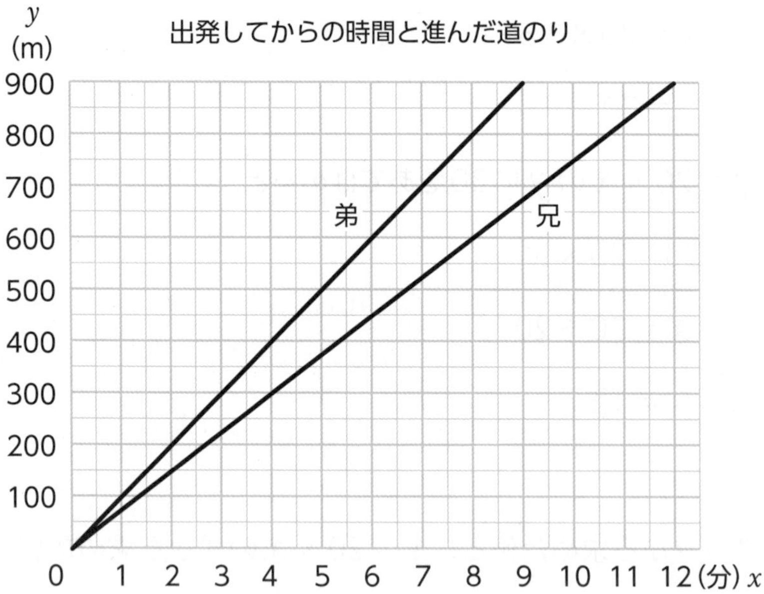

このグラフからいろいろなことを読み取りましょう。

兄と弟はどちらのほうが速いでしょうか。

次の図のように，出発してから6分のところを見ると，進んだ道のりは，兄は450 m，弟は600 mなので，弟のほうが速いといえます。

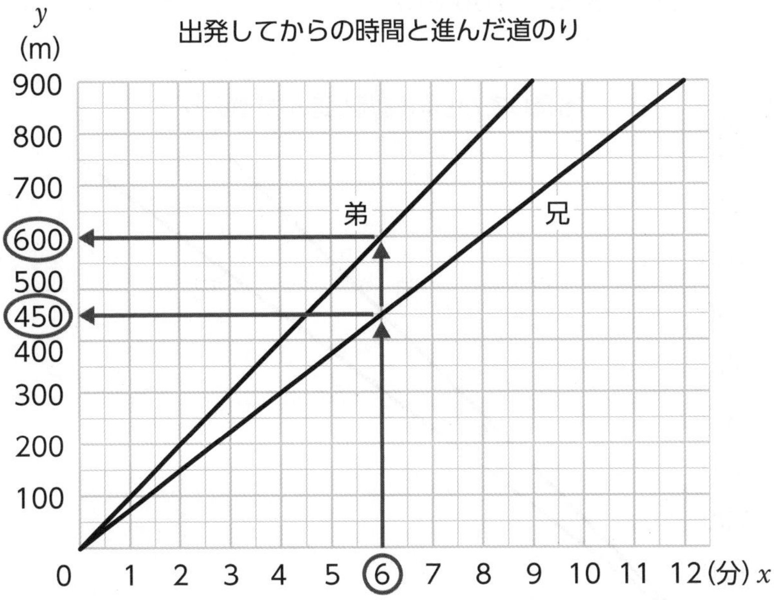

出発してから4分後の，兄と弟の間の道のりは何mでしょうか。

次の図のように，出発してから4分のところを見ると，進んだ道のりは，兄は300 m，弟は400 mなので，

$$400 - 300 = 100\ (\mathrm{m})$$

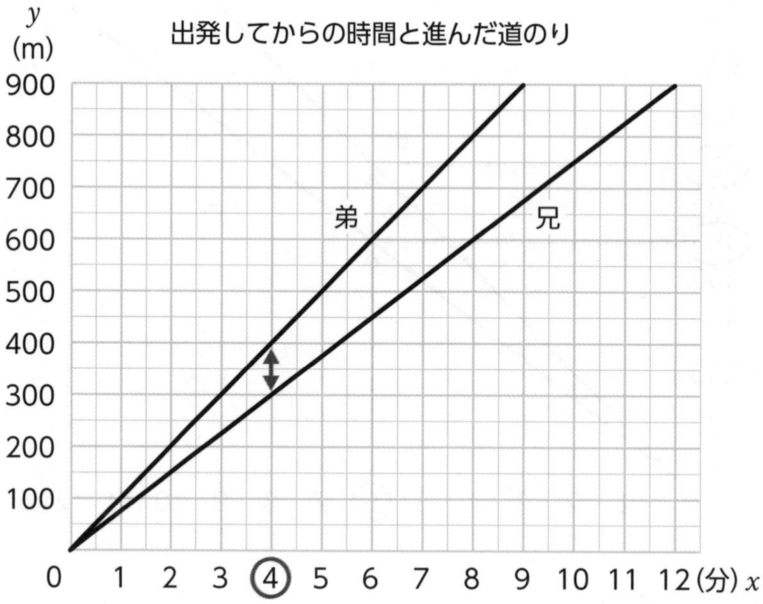

兄が600 mの地点を通過するのは，

弟が600 mの地点を通過してから何分後でしょうか。

次の図のように，弟が600 mの地点を通過するのは6分後，兄が600 mの地点を通過するのは8分後なので，

8 − 6 = 2（分後）

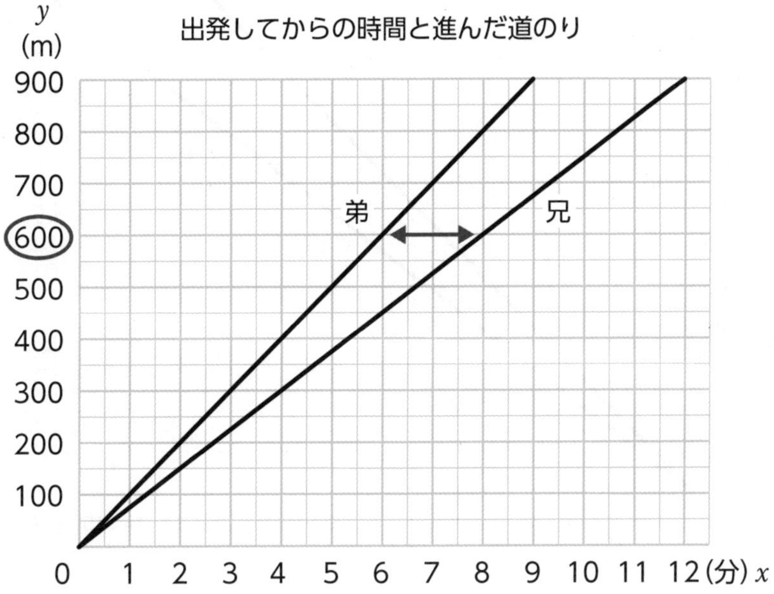

2人がこのままの速さで，公園で止まらずに，公園より300 m 先にある駅に行くとすると，どちらが何分早く着くでしょうか。

縦軸《たてじく》を1200 mまでのばし，グラフの続きをかくと，次のようになります。

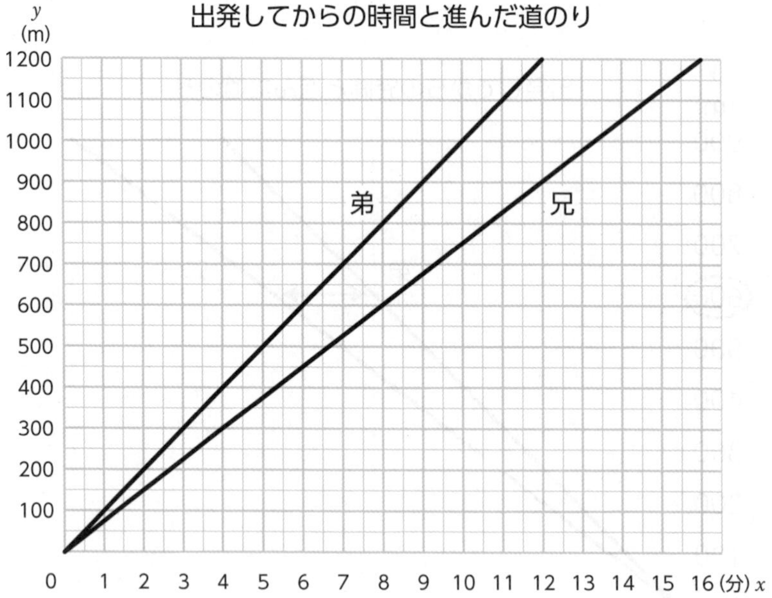

グラフより，弟が駅に着くのは12分後，兄が駅に着くのは16分後なので，

$$16-12=4$$

したがって，弟のほうが4分早く着きます。

4．比例《ひれい》の利用

同じ重さのビー玉がたくさんあります。

ビー玉全部の重さは720gです。

ビー玉を数えずに，全部で何個あるか求める方法を考えましょう。

ビー玉の重さは，ビー玉の個数に比例《ひれい》するので，何個かの重さを調べて，全体の重さが何個かの重さの何倍になっているかを求めます。

ビー玉10個を取り出し，10個の重さの合計を調べると，80gでした。

〈考え方①〉

次の表より，

$10 \times 9 = 90$（個）

9倍

個数　x（個）	10	□
重さ　y（g）	80	720

9倍

〈考え方②〉

y＝決まった数×x　の決まった数を求めます。

10×決まった数＝80

決まった数＝80÷10

＝8

したがって，求める個数を□個とすると，

8×□＝720

□＝720÷8

＝90

5．反《はん》比《ぴ》例《れい》とは

24 L 入る水そうに，水をいっぱいまで入れます。

次の表は，1分間に入れる水の量 x L とかかる時間 y 分の関係を表したものです。

1分間に入れる水の量 x（L）	1	2	3	4	5	6	…
かかる時間 y（分）	24	12	8	6	4.8	4	…

この表を見て，x と y の変わり方を調べましょう。

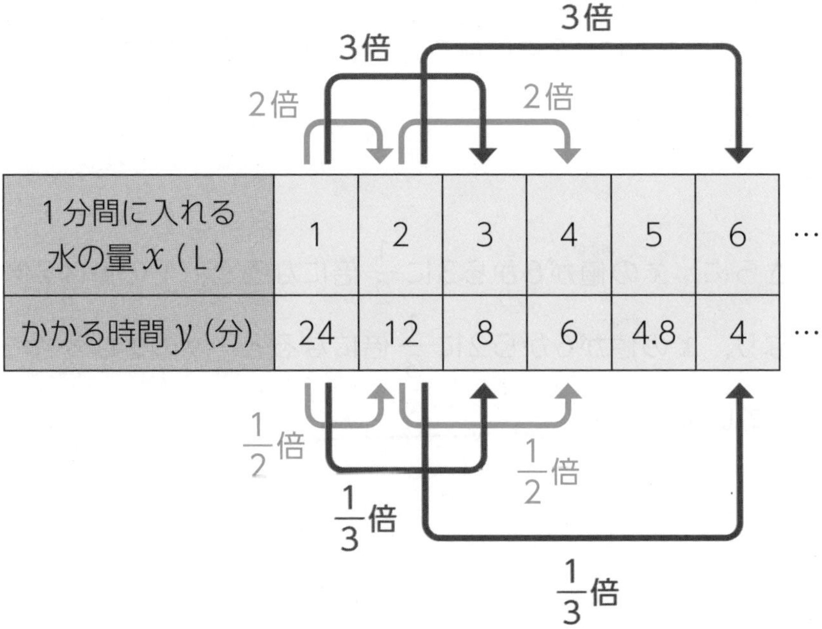

1分間に入れる水の量 x（L）	1	2	3	4	5	6	…
かかる時間 y（分）	24	12	8	6	4.8	4	…

$\frac{1}{3}$倍　$\frac{1}{2}$倍

1分間に入れる水の量 x（L）	1	2	3	4	5	6	…
かかる時間 y（分）	24	12	8	6	4.8	4	…

3倍　2倍

この表で，x の値《あたい》が1から2に，また，2から4に，2倍になると，y の値《あたい》は $\frac{1}{2}$ 倍になっています。x の値《あたい》が1から3に，また，2から6に，3倍になると，y の値《あたい》は $\frac{1}{3}$ 倍になっています。

さらに，x の値《あたい》が6から3に $\frac{1}{2}$ 倍になると，y の値《あたい》は2倍になり，x の値《あたい》が6から2に $\frac{1}{3}$ 倍になると，y の値《あたい》は3倍になっています。

このように，ともなって変わる2つの量 x，y があり，

・x の値《あたい》が2倍，3倍，……になると，y の値《あたい》は $\frac{1}{2}$ 倍，$\frac{1}{3}$ 倍，……になるとき，

・x の値《あたい》が $\frac{1}{2}$ 倍，$\frac{1}{3}$ 倍，……になると，y の値《あたい》は2倍，3倍，……になるとき，

y は x に反比例《はんぴれい》するといいます。

さらに，反比例《はんぴれい》する2つの量 x，y では，

x の値《あたい》 × y の値《あたい》 = 決まった数

となります。

この表では，決まった数は24になります。

1分間に入れる水の量 x（L）	1	2	3	4	5	6	…
かかる時間 y（分）	24	12	8	6	4.8	4	…
	1×24 = 24	2×12 = 24	3×8 = 24	4×6 = 24	5×4.8 = 24	6×4 = 24	

6．反比例《はんぴれい》の式

前の表から，かかる時間が１分間に入れる水の量に反比《はんぴ》例《れい》する関係を式に表しましょう。

（１分間に入れる水の量）×（かかる時間）＝24　より，

$x \times y = 24$

yをxの式で表すと，

$y = 24 \div x$

このように，yがxに反比例《はんぴれい》するとき，yをxの式で表すと，

y ＝ 決まった数 ÷ x

となります。

7．反比例《はんぴれい》のグラフ

反比例《はんぴれい》の関係を表す式

$$y = 24 \div x$$

をグラフに表しましょう。

x と y の関係を表に表すと，次のようになります。

1分間に入れる水の量 x（L）	1	2	3	4	5	6	8	10	12	16	20	24	…
かかる時間 y（分）	24	12	8	6	4.8	4	3	2.4	2	1.5	1.2	1	…

表をもとに，xとyの値《あたい》の組を表す点をとりましょう。

1分間に入れる水の量とかかる時間

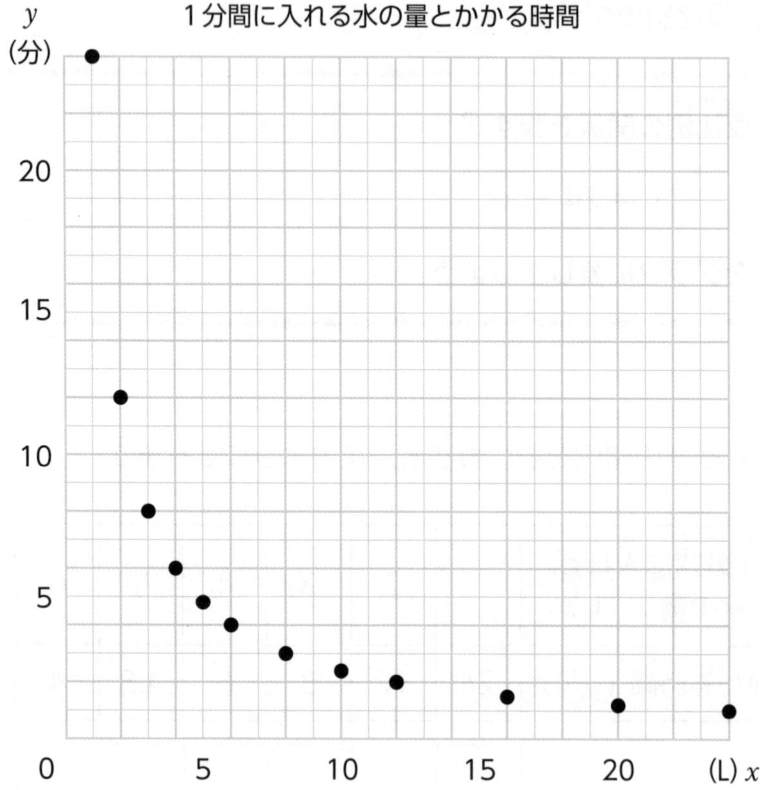

このように，反比例《はんぴれい》の関係を表すグラフは，比例《ひれい》の関係を表すグラフとはちがい，直線にはなりません。

発《はっ》展《てん》事《じ》項《こう》 ―― 余《よ》裕《ゆう》のある人向け

前ページのグラフで，xの値《あたい》が0.1のとき，0.2のとき，0.3のとき，……と，さらに細かく点をとっていくと，グラフは，次のようになります。

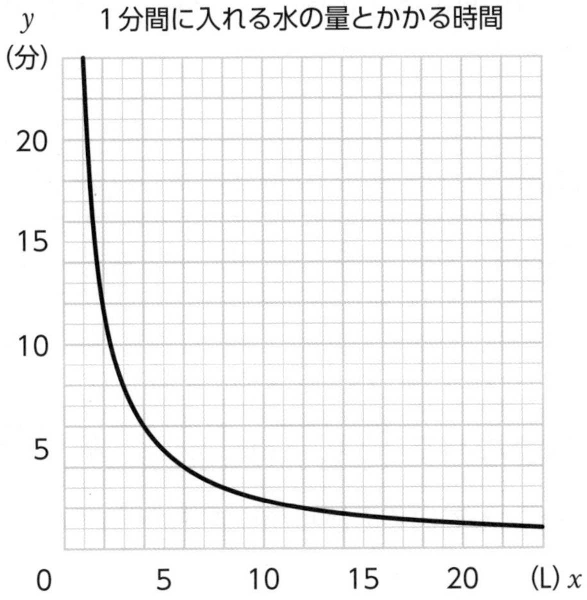

反比例《はんぴれい》の関係を表すグラフは，比例《ひれい》の関係を表すグラフとちがい，次のような特ちょうがあります。

・直線ではなく，なめらかな曲線である。

・0の点をとおらない。

・変わり方が一定ではない。

確《かく》認《にん》問題

解答 225ページ

1. 比例《ひれい》

1 空らんにあてはまることばや数を入れましょう。

次の表は，鉄の棒《ぼう》の長さと重さの関係を調べ，表にまとめたものです。鉄の棒《ぼう》の重さは長さに比例《ひれい》しているか，調べましょう。

長さ (cm)	1	2	3	4	5	6
重さ (g)	3	6	9	12	15	18

(1) 表を横に見ると，長さが2倍，3倍，……となると，それにともなって，［ ① ］も［ ② ］倍，［ ③ ］倍，……となっているのがわかります。

(2) 表を縦《たて》に見ると，重さ÷長さは，いつも長さの値《あたい》の［ ④ ］倍になっているのがわかります。

このようなとき，重さは長さに［ ⑤ ］しています。

〔① ② ③ 〕

〔④ ⑤ 〕

2 直方体の形をした水そうに水を4分入れます。1分あたりに入れる水の深さをいろいろと変えていったとき，1分あたりに入る水の深さと，水そうの水の深さは，どのようになりますか。

①次の表の空らんをうめましょう。

1分あたりに入る水の深さ (cm)	1	2	3	4	5
水そうの水の深さ (cm)					

②1分あたりに入る水の深さを x cm，水そうの水の深さを y cmとして，y を x の式で表しましょう。

〔　　　　　　　　　　　　　　　　　　　　〕

③1分あたりに入れる水の深さが7cmのとき，水そうの水の深さは何cmになりますか。

〔　　　　　　　　〕cm

3 x と y の関係を表に書いて，式に表しましょう。

①高さが7cmの三角形の底辺の長さ x cmと面積 y cm²

x (cm)	1	2	3	4	5
y (cm²)					

式〔　　　　　　　　　　　　　　　　　　　　〕

②分速50mで歩いたときの時間 x 分と道のり y m

x (分)	1	2	3	4	5
y (m)					

式〔　　　　　　　　　　　　　　　　　　　　〕

4 次の表は，車が走った時間 x 時間と走った道のり y kmの関係を表したものです。

時間 x (時間)	1	2	3	4	5
道のり y (km)	60	120	180	240	300

① y を x の式で表しましょう。

〔　　　　　　　　　　　　　　〕

② x の値《あたい》が4.5のときの y の値《あたい》を求めましょう。

〔　　　　　　〕

③ y の値《あたい》が90のときの x の値《あたい》を求めましょう。

〔　　　　　　〕

④ x と y の関係をグラフに表しましょう。

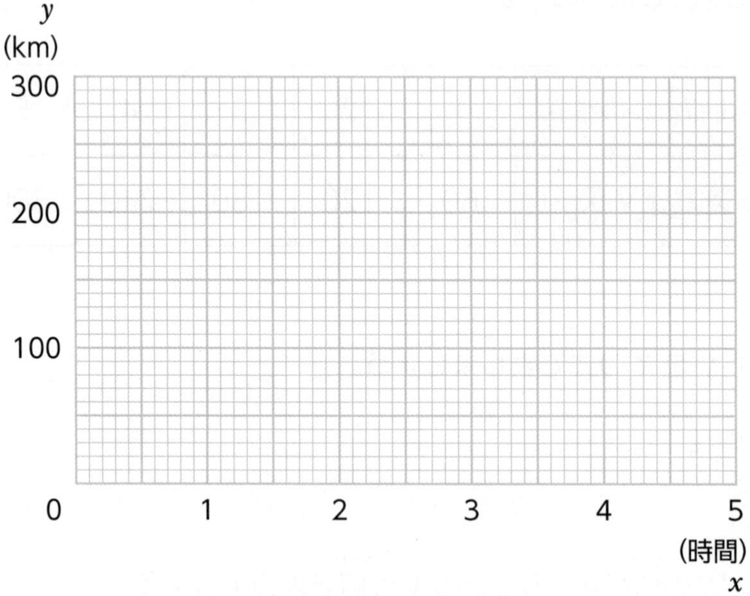

5 **ある速さで走る列車があります。右のグラフは，この列車の走った時間をx分，走った道のりをy kmとしてxとyの関係を表したものです。**

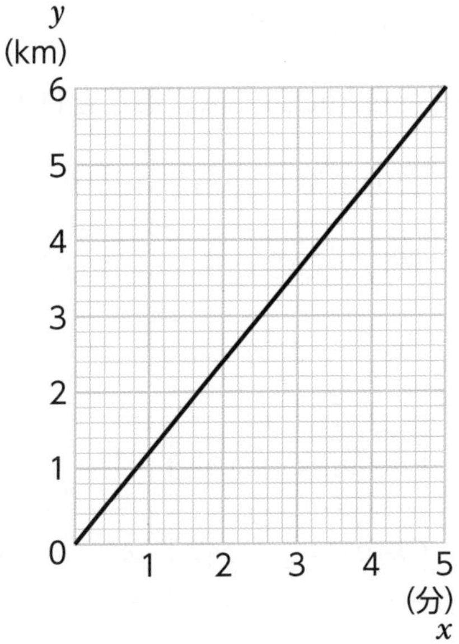

① xの値《あたい》が5のときのyの値《あたい》をグラフから読み取りましょう。

〔　　　　　　〕

② yの値《あたい》が3.6のときのxの値《あたい》をグラフから読み取りましょう。

〔　　　　　　〕

③ yをxの式で表しましょう。

〔　　　　　　　　　　　〕

2. 反比例《はんぴれい》

1 空らんにあてはまることばや数を入れましょう。

次の表は，面積が42cm^2の長方形の縦《たて》の長さと横の長さを表したものです。2つの値《あたい》は反比例《はんぴれい》しているか，調べましょう。

縦《たて》の長さ (cm)	1	2	3	4	5	6
横の長さ (cm)	42	21	14	10.5	8.4	7

(1) 表を横に見て，縦《たて》の長さが2倍，3倍，……となると，横の長さは［ ① ］倍，［ ② ］倍，……になっているのがわかります。

(2) 表を縦《たて》に見て，縦《たて》の長さ×横の長さ＝［ ③ ］で，いつも決まった数になるのがわかります。

このようなとき，縦《たて》の長さと横の長さは［ ④ ］しています。

〔① ② 〕

〔③ ④ 〕

2 **次の表は，容積《ようせき》が21Lの水そうに水を入れるときの1分あたりに入れる水の量と，満水になるまでにかかる時間を表したものです。**

1分に入れる水の量 (L)	1	2	3	4	5	6
かかる時間 (分)	21	10.5	7	5.25	4.2	3.5

① 1分あたりに入れる水の量 x の値《あたい》と，対応する時間 y の値《あたい》の積はいくつですか。

〔　　　　　〕

② y を x の式で表しましょう。

〔　　　　　　　　　　〕

③ x の値《あたい》が7のときの y の値《あたい》を求めましょう。

〔　　　　　〕

④ y の値《あたい》が1のときの x の値《あたい》を求めましょう。

〔　　　　　〕

3 x と y の関係を表に書いて，式に表しましょう。

①24Lのミネラルウォーターを毎日同じ量ずつ飲むときの，

1日に飲む量 x Lと飲むのにかかる日数 y 日

x (L)	1	2	3	4	5
y (日)					

式〔　　　　　　　　　　　　　　　　　　〕

②面積が $18cm^2$ の三角形の底辺の長さ x cmと高さ y cm

x (cm)	1	2	3	4	5
y (cm)					

式〔　　　　　　　　　　　　　　　　　　〕

4 次の表は自動車でA市からB市まで移動するときに，いろいろな速さで走った場合の時速 x km とかかる時間 y 時間を表したものです。

時速 x (km)	10	20	30	40	50	60
かかる時間 y (時間)	42	21	14	10.5	8.4	7

① y を x の式で表しましょう。

〔　　　　　　　　　　　　　　　　　　〕

② x の値《あたい》が25のときの y の値《あたい》を求めましょう。

〔　　　　　　　〕

③ y の値《あたい》が15のときの x の値《あたい》を求めましょう。

〔　　　　　　　〕

④ x と y の関係をグラフに表しましょう。

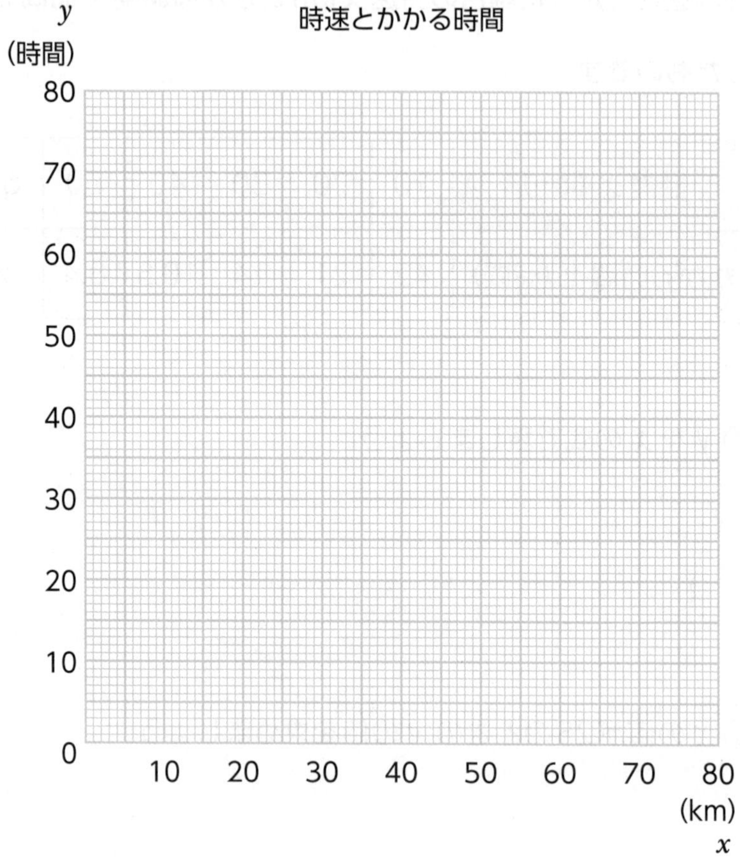

解 答

問題 214ページ

1. 比例《ひれい》

1 ①重さ　②2　③3　④3　⑤比例《ひれい》

2 ①

1分あたりに入る水の深さ (cm)	1	2	3	4	5
水そうの水の深さ (cm)	4	8	12	16	20

② $y = 4 \times x$　③28 (cm)

3 ①

x (cm)	1	2	3	4	5
y (cm^2)	3.5	7	10.5	14	17.5

式　$y = 3.5 \times x$

②

x (分)	1	2	3	4	5
y (m)	50	100	150	200	250

式　$y = 50 \times x$

4 ① $y = 60 \times x$　② 270　③ 1.5

④

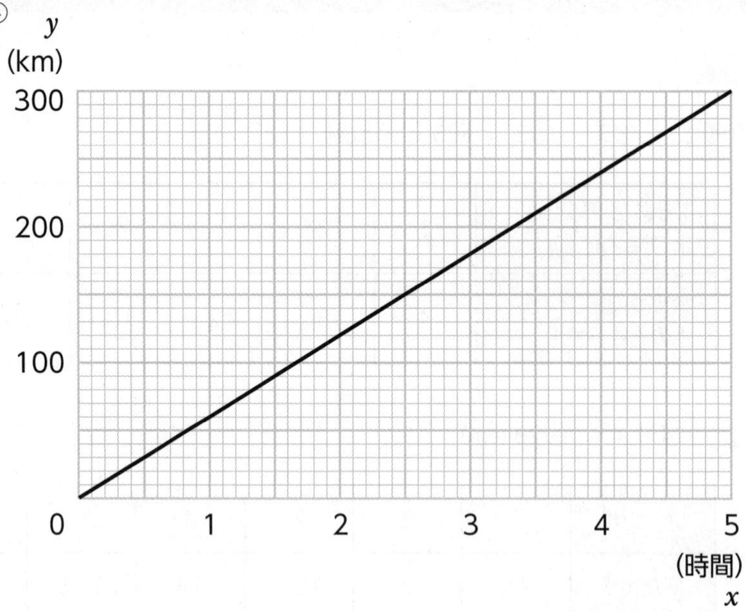

5 ① 6　② 3　③ $y = 1.2 \times x$

2. 反《はん》比《ぴ》例《れい》

1 ① $\frac{1}{2}$　② $\frac{1}{3}$　③ 42　④ 反《はん》比《ぴ》例《れい》

2 ① 21　② $y = 21 \div x$　③ 3　④ 21

3 ①

x (L)	1	2	3	4	5
y (日)	24	12	8	6	4.8

式　$y = 24 \div x$

②

x (cm)	1	2	3	4	5
y (cm)	36	18	12	9	7.2

式　$y = 36 \div x$

4 ① $y = 420 \div x$　　② 16.8　　③ 28

④

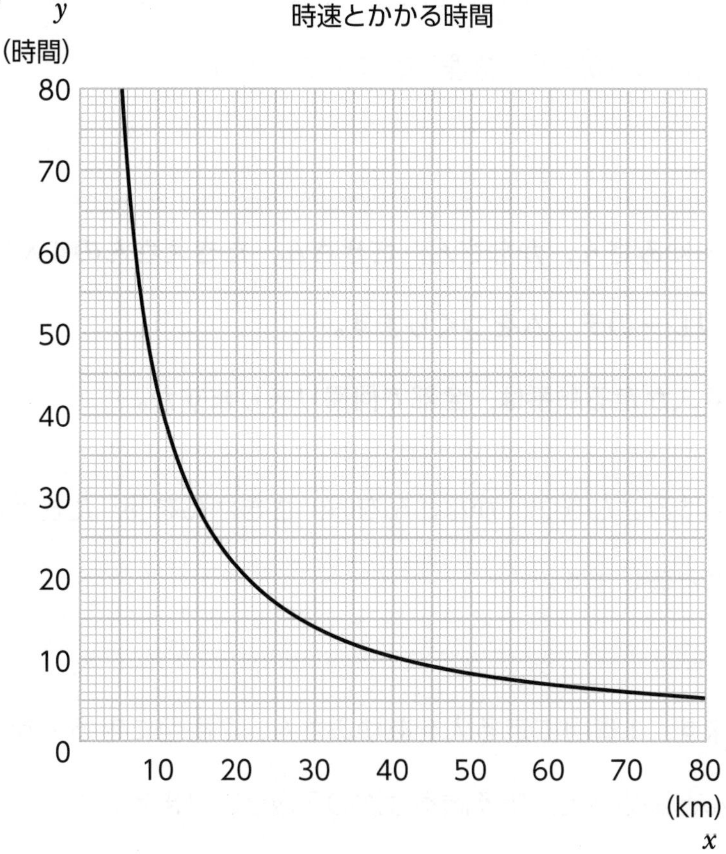

第10章　並《なら》べ方と組み合わせ方

1．並《なら》べ方

落ち（ぬけている組み合わせ）や重なり（同じ組み合わせ）がないように順序よく整理して考えましょう。

あゆみさん，かなさん，さきさん，たきえさんの4人でリレーのチームをつくります。
4人が走る順番は，全部で何通りありますか。

あゆみさんを㋐，かなさんを㋕，さきさんを㋚，たきえさんを㋟と表します。

まず，1番目に走る人をあゆみさん，2番目に走る人をかなさんと決めると，走る順番は次の2通りあります。

㋐→㋕→㋚→㋟

㋐→㋕→㋟→㋚

次に，1番目に走る人をあゆみさん，2番目に走る人をさきさんと決めると，走る順番は次の2通りあります。

㋐→㋚→㋕→㋟

㋐→㋚→㋟→㋕

最後に，1番目に走る人をあゆみさん，2番目に走る人をたきえさんと決めると，走る順番は次の2通りあります。

㋐→㋟→㋕→㋚

㋐→㋟→㋚→㋕

したがって，1番目に走る人があゆみさんのとき，走る順番は全部で，

2＋2＋2＝6（通り）

これらをわかりやすくまとめると，次の図のようになります。このような図を，**樹形《じゅけい》図**といいます。

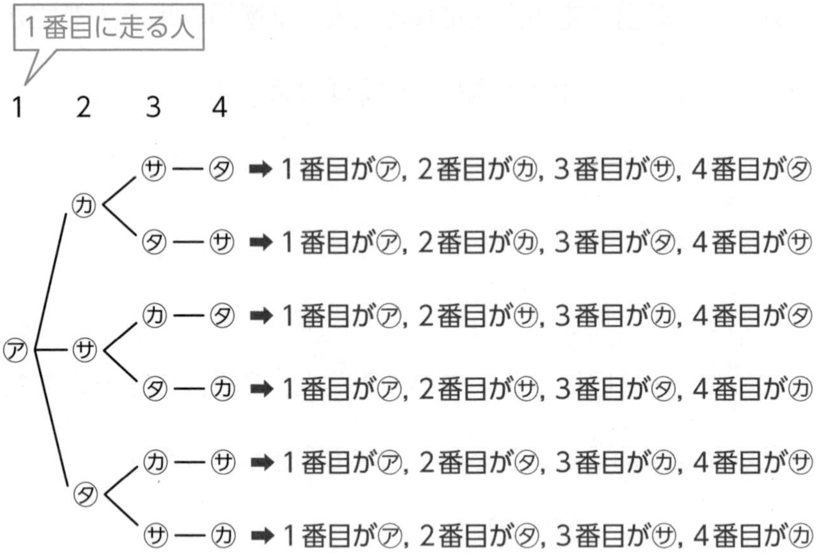

同様に，1番目に走る人をかなさん，さきさん，たきえさんと決めた場合の走る順番を考えると，次ページのように6通りずつあります。

したがって，4人が走る順番は，全部で

$6\times4=24$（通り）

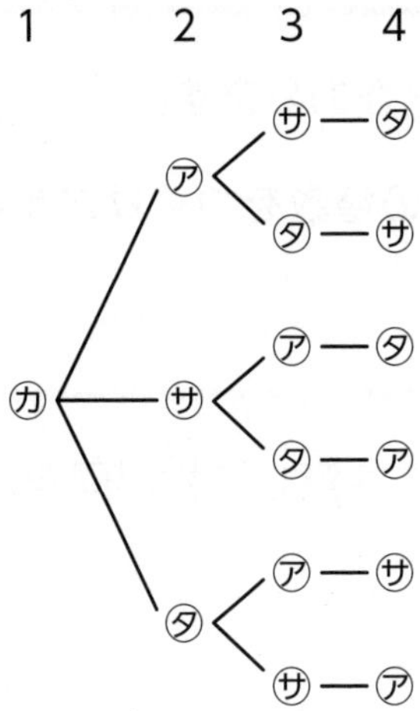
1 2 3 4
㋕
㋐ ㋚ ㋟
㋚—㋟
㋟—㋚
㋐—㋟
㋟—㋐
㋐—㋚
㋚—㋐

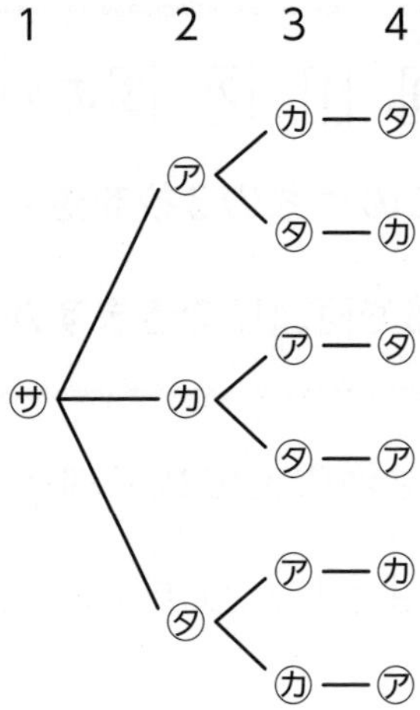
1 2 3 4
㋚
㋐ ㋕ ㋟
㋕—㋟
㋟—㋕
㋐—㋟
㋟—㋐
㋐—㋕
㋕—㋐

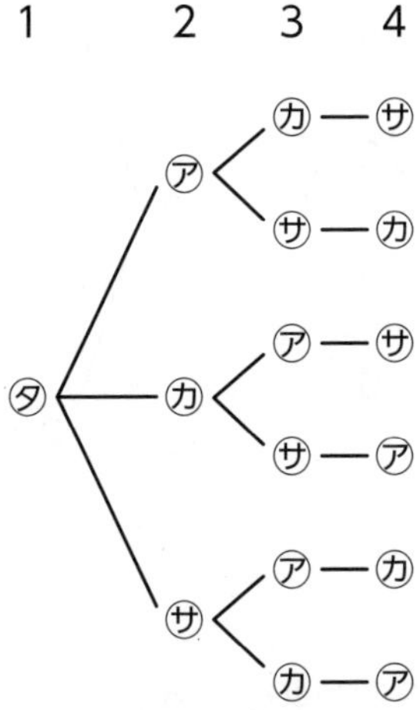
1 2 3 4
㋟
㋐ ㋕ ㋚
㋕—㋚
㋚—㋕
㋐—㋚
㋚—㋐
㋐—㋕
㋕—㋐

0，1，2，3の4枚《まい》のカードがあります。このうちの3枚《まい》を選んで3けたの整数をつくります。全部で何通りできますか。

0は百の位の数にならないことに注意して樹形《じゅけい》図をかくと，次のようになります。

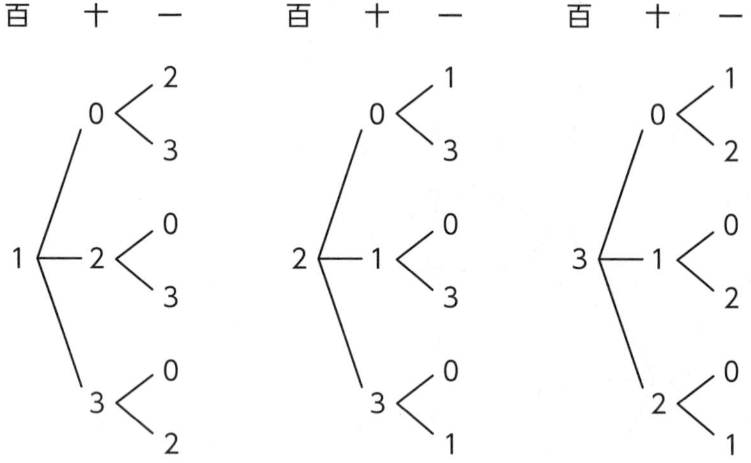

したがって，できる整数は全部で18通りです。

2．組み合わせ方

並《なら》べ方のときと同じように，落ちや重なりがないように順序よく整理して考えましょう。

> **A, B, C, Dの４つのチームで，サッカーの試合をします。**
>
> **どのチームとも１回ずつ試合をします。**
>
> **試合の組み合わせをすべてかきましょう。**

いろいろな図や表を使って考えることができます。

〈考え方①〉

まず，A，B，C，Dのそれぞれの対戦相手をすべて樹形《じゅけい》図に表します。

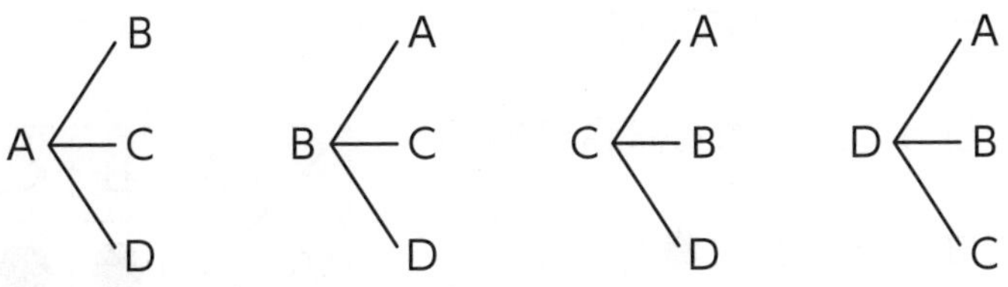

「Aチーム対Bチーム」と「Bチーム対Aチーム」は同じ試合です。同様に，同じ試合を表しているところを消すと，次の図のように，6試合です。

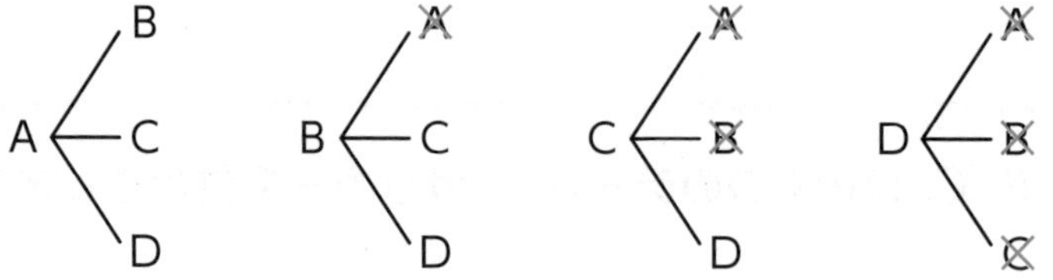

〈考え方②〉

右のような表をかいて考えます。

○はAチーム対Bチーム，×はBチーム対Aチームを表しているので，同じ試合です。同様に，□はBチーム対Cチーム，△はCチーム対Bチームを表しています。

	A	B	C	D
A		○		
B	×		□	
C		△		
D				

したがって，求める試合の組み合わせは，右の表で●をつけた6試合です。

	A	B	C	D
A		●	●	●
B			●	●
C				●
D				

〈考え方③〉

右のような図をかいて考えます。

点Aと点Bを結ぶ線はAチーム対Bチームを表しています。

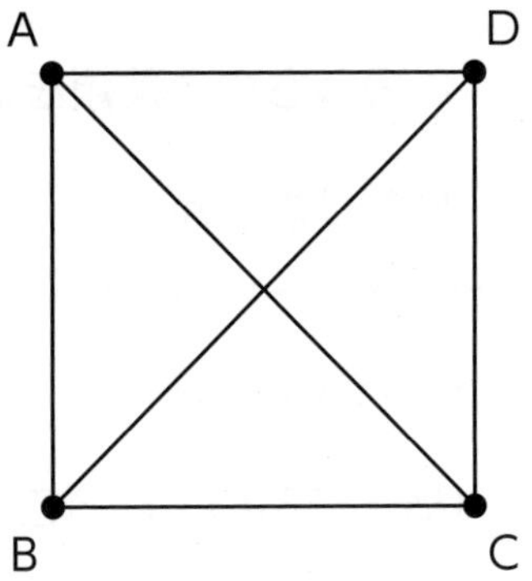

同様に，点Aと点Cを結ぶ線はAチーム対Cチーム，点Aと点Dを結ぶ線はAチーム対Dチーム，点Bと点Cを結ぶ線はBチーム対Cチーム，……と考えていくと，試合の組み合わせの数は，四角形の辺の数と対角線の数をあわせた数と等しく，6試合となります。

①～③のどの考え方でも，試合の組み合わせは，次の6試合になります。

Aチーム対Bチーム，Aチーム対Cチーム，

Aチーム対Dチーム，Bチーム対Cチーム，

Bチーム対Dチーム，Cチーム対Dチーム

梅, こんぶ, たらこ, さけの4種類のおにぎりがあります。このうちの3種類を選ぶとき，組み合わせは全部で何通りありますか。

右の表のように,

(梅，こんぶ，たらこ),

(梅，こんぶ，さけ),

(梅，たらこ，さけ),

(こんぶ，たらこ，さけ)

の4通りです。

梅	こんぶ	たらこ	さけ
○	○	○	
○	○		○
○		○	○
	○	○	○

さけを選ばない場合，たらこを選ばない場合，こんぶを選ばない場合, 梅を選ばない場合の4通りと考えることもできます。

確《かく》認《にん》問題

解答 241ページ

1 のぞみさん，こだまさん，さくらさん，みずほさんの４人が順番にクラス内で発表をすることになりました。こだまさんが最後に発表することは決まっていますが，他の順番は決まっていません。発表の順番は何通りあるでしょうか。

〔　　　　　　　　〕通り

2 1，2，3の3つの数字を使って，3けたのパスワードを作ります。同じ数字を2回使うことはできますが，3けたとも同じ数字であってはいけません。パスワードは何通り作れるでしょうか。

〔　　　　　　　　〕通り

3 1から5までの数字が書かれたカードが1枚《まい》ずつあります。このカードを机《つくえ》の上に並《なら》べて5けたの整数をつくります。

①できあがった整数が偶数《ぐうすう》であるものは，何個あるでしょうか。

〔　　　　　　　　〕個

②できあがった整数が5の倍数であるものは，何個あるでしょうか。

〔　　　　　　　　　〕個

解 答

問題 237ページ

1 6（通り）

2 24（通り）

3 ①48（個）　②24（個）

解 説 ①偶数《ぐうすう》であるということは，一の位が偶数《ぐうすう》でなければなりません。今回の場合，一の位は2か4に限られます。左から順に一の位，十の位，百の位，千の位，一万の位とする樹形《じゅけい》図をかきましょう。一の位が2である場合は，24通りあることがわかります。一の位が4のときも同じですから，24×2＝48通りです。

②5の倍数であるということは，一の位が0か5でなければなりません。今回の場合，0というカードはないので，一の位は5に限られます。一の位に5を持ってきて樹形《じゅけい》図をかくと答えがわかります。なお，①で，すでに一の位を特定の数字に固定したときは24通りとわかっているので，樹形《じゅけい》図をかかなくても24通りとわかります。

第11章 データの調べ方

下の表は，Aグループの20人，Bグループの18人，Cグループの25人の握力《あくりょく》の記録を表したものです。

Aグループの記録（kg）

①	28	⑥	10	⑪	30	⑯	30
②	16	⑦	17	⑫	15	⑰	17
③	29	⑧	17	⑬	19	⑱	29
④	17	⑨	30	⑭	16	⑲	16
⑤	30	⑩	29	⑮	28	⑳	17

Bグループの記録（kg）

①	14	⑥	13	⑪	16	⑯	12
②	12	⑦	22	⑫	12	⑰	22
③	20	⑧	11	⑬	21	⑱	21
④	21	⑨	21	⑭	29		
⑤	17	⑩	20	⑮	20		

Cグループの記録（kg）

①	15	⑧	22	⑭	23	⑳	13
②	20	⑨	29	⑮	25	㉑	22
③	24	⑩	13	⑯	18	㉒	25
④	26	⑪	30	⑰	20	㉓	9
⑤	11	⑫	17	⑱	10	㉔	16
⑥	20	⑬	26	⑲	21	㉕	21
⑦	34						

1．平均《へいきん》値《ち》

それぞれのグループの記録を比べると，どのグループの記録がよいといえるでしょうか。どのようなことを調べて記録を比べればよいか，考えましょう。

比べ方①―いちばん大きい値《あたい》と小さい値《あたい》をそれぞれ比べる

各グループにおける，いちばん大きい値《あたい》と小さい値《あたい》をまとめると，次の表のようになります。

グループ	A	B	C
いちばん大きい記録（kg）	30	29	34
いちばん小さい記録（kg）	10	11	9

いちばん大きい記録を比べると，Cグループの記録がよいといえます。また，いちばん小さい記録を比べると，Bグループの記録がよいといえます。

比べ方②―平均をそれぞれ比べる

各グループにおける平均を求めると，次のようになります。

Aグループ…22kg

Bグループ…18kg

Cグループ…20.4kg

データの平均を**平均値《へいきんち》**といいます。

複数のデータを比べるときに，それぞれの集団のデータの平《へい》均値《きんち》を使うことがあります。

平均値《へいきんち》 ＝ データの値《あたい》の合計 ÷ データの個数

平均値《へいきんち》で比べると，Aグループの記録がよいといえます。

データを表やグラフに整理したり，ちがう値《あたい》に着目したりして，他にもいろいろな比べ方を考えましょう。

2．ドットプロット

A，B，C，の3つのグループの記録のちらばりのようすを調べましょう。

次の図は，Aグループの記録を，数直線を使って表したものです。このように，データのちらばりのようすを，数直線の上に表した図を**ドットプロット**といいます。

Aグループの記録

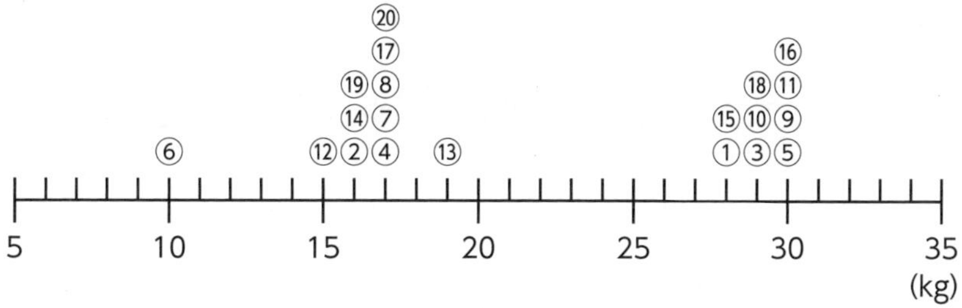

同様に，Bグループ，Cグループの記録をドットプロットに表すと，それぞれ次のようになります。

Bグループの記録

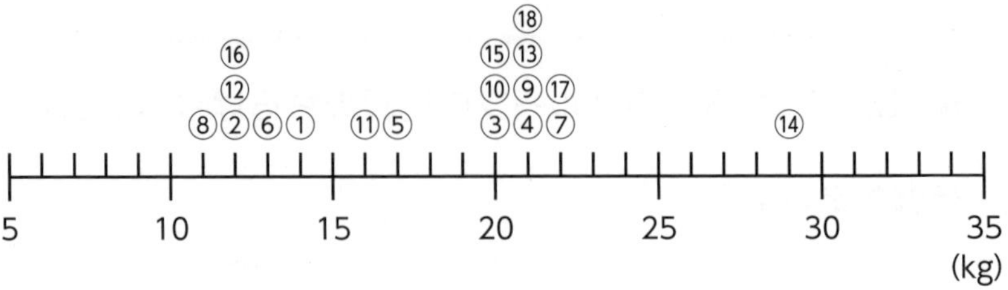

Cグループの記録

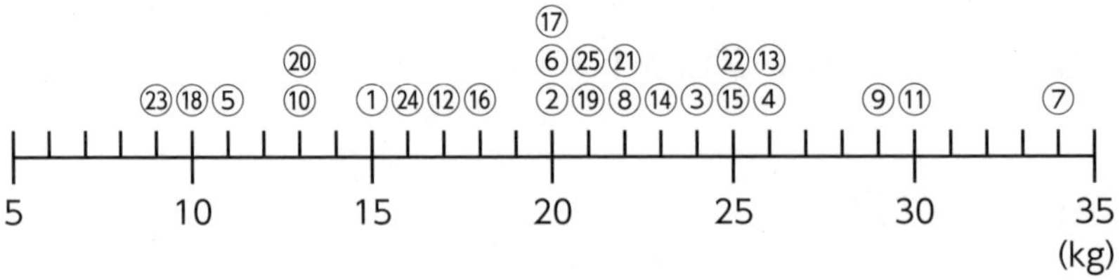

Cグループの記録は，Ａグループや B グループと比べると，まんべんなくちらばっていることがわかります。

3．代表《だいひょう》値《ち》

前のドットプロットを見て，それぞれのグループの記録のちらばりのようすを，さらにくわしく調べましょう。

データの中で，いちばん多く出てくる値《あたい》を**最頻《さいひん》値《ち》**といいます。

ドットプロットより，各データの最頻《さいひん》値《ち》は，次のとおりです。

Aグループ…17kg

Bグループ…21kg

Cグループ…20kg

最頻《さいひん》値《ち》で比べると，Bグループの記録がよいといえます。

また，データの値《あたい》を大きさの順に並《なら》べたときの真ん中の値《あたい》を**中央《ちゅうおう》値《ち》**といいます。

データの数が奇《き》数《すう》のときは，ちょうど真ん中の値《あたい》が中央《ちゅうおう》値《ち》，偶数《ぐうすう》のときは，真ん中の2つの値《あたい》の平均が中央《ちゅうおう》値《ち》です。

よって，各データの中央《ちゅうおう》値《ち》は，次のとおりです。

Aグループ…10番目の記録は17kg，11番目の記録は

19kgなので，(17＋19)÷2＝18(kg)

Bグループ…9番目と10番目の記録はどちらも20kg

なので，20kg

Cグループ…13番目の記録は21kgなので，21kg

中央《ちゅうおう》値《ち》で比べると，Cグループの記録がよいといえます。

中央《ちゅうおう》値《ち》は，大きく外れた値《あたい》があったときに，平均《へいきん》値《ち》とちがって，外れた値《あたい》のえいきょうを受けにくいことが多いです。

たとえば，次のような6個のデータの平均《へいきん》値《ち》と中央《ちゅうおう》値《ち》は次のとおりです。

2	50	52	54	54	59

平均《へいきん》値《ち》…四捨五入《ししゃごにゅう》して45　　中央《ちゅうおう》値《ち》…53

2は大きく外れた値《あたい》であるので，これを除《のぞ》くことにします。次の5個のデータの平均《へいきん》値《ち》と中央《ちゅうおう》値《ち》は次のとおりです。

50	52	54	54	59

平均《へいきん》値《ち》…四捨五入《ししゃごにゅう》して54　　中央《ちゅうおう》値《ち》…54

このように，平均値《へいきんち》は，大きく外れた値《あたい》2をふくめるか除《のぞ》くかによって，値《あたい》が大きく変わるのに対し，中央値《ちゅうおうち》はあまり変わりません。

平均値《へいきんち》，中央値《ちゅうおうち》，最頻値《さいひんち》のように，データの特ちょうを表す値《あたい》を**代表値《だいひょうち》**といいます。

4．度《ど》数《すう》分《ぶん》布《ぷ》表《ひょう》

前のドットプロットを見て，それぞれのグループの記録のちらばりのようすを，表に整理しましょう。
また，その表からいろいろなことを読み取りましょう。

Aグループの記録のちらばりのようすを，右の表のように整理しました。

表は，5kgずつの区間に区切られていて，たとえば，記録が25kg以上30kg未満の人は5人であることを表しています。

Aグループの記録

握力《あくりょく》(kg)		人数(人)
以上	未満	
5 ～	10	0
10 ～	15	1
15 ～	20	10
20 ～	25	0
25 ～	30	5
30 ～	35	4
合計		20

このように，データをいくつかの階級《かいきゅう》に分けて整理した表を，**度《ど》数《すう》分《ぶん》布《ぷ》表《ひょう》**といいます。

階級《かいきゅう》…データを区切った1つ1つの区間

(前の度数分布表《どすうぶんぷひょう》では,「5kg以上10kg未満の階《かい》級《きゅう》」,「10kg以上15kg未満の階級《かいきゅう》」, …に区切っています。)

階級《かいきゅう》の幅《はば》…区間の幅《はば》

(前の度数分布表《どすうぶんぷひょう》の階級《かいきゅう》の幅《はば》は5kgです。)

度数《どすう》…それぞれの階級《かいきゅう》に入っているデータの個数

(前の度数分布表《どすうぶんぷひょう》で,25kg以上30kg未満の階級《かいきゅう》の度数《どすう》は5人です。)

参考

「25以上」は,25と等しいか,25よりも大きいことなので,25をふくみます。
「30未満」は,30より小さいことなので,30をふくみません。

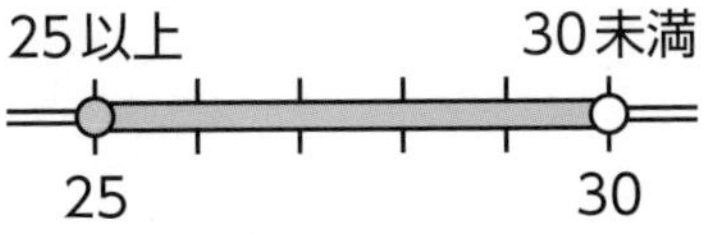

同様に，Bグループ，Cグループの記録を度数分布表《どすうぶんぷひょう》に表すと，それぞれ次のようになります。

Bグループの記録

握力《あくりょく》(kg)			人数(人)
以上		未満	
5	～	10	0
10	～	15	6
15	～	20	2
20	～	25	9
25	～	30	1
30	～	35	0
合計			18

Cグループの記録

握力《あくりょく》(kg)			人数(人)
以上		未満	
5	～	10	1
10	～	15	4
15	～	20	4
20	～	25	9
25	～	30	5
30	～	35	2
合計			25

各グループで，15kg以上20kg未満の階級《かいきゅう》の度数《どすう》は何人でしょうか。

Aグループ…10人

Bグループ…2人

Cグループ…4人

各グループで，記録が20kg以上の度数《どすう》の合計は何人でしょうか。

「20kg以上25kg未満の階級《かいきゅう》」,「25kg以上30kg未満の階《かい》級《きゅう》」,「30kg以上35kg未満の階級《かいきゅう》」の度数《どすう》の合計を求めます。

Aグループ…0＋5＋4＝9（人）

Bグループ…9＋1＋0＝10（人）

Cグループ…9＋5＋2＝16（人）

各グループで，いちばん度数《どすう》が多い階級《かいきゅう》の人数は何人でしょうか。また，その割合《わりあい》は，それぞれのグループ全体の度数《どすう》の合計の何%でしょうか。

Aグループ…いちばん度数《どすう》が多い階級《かいきゅう》は15kg以上20kg未満の階級《かいきゅう》で，その度数《どすう》は10人です。

よって，その割合《わりあい》は，

10÷20＝0.5　→　50%

Bグループ…いちばん度数《どすう》が多い階級《かいきゅう》は20kg以上25kg未満の階級《かいきゅう》で，その度数《どすう》は9人です。

よって，その割合《わりあい》は，

9÷18＝0.5　→　50%

Cグループ…いちばん度数《どすう》が多い階級《かいきゅう》は20kg以上25kg未満の階級《かいきゅう》で，その度数《どすう》は9人です。

よって，その割合《わりあい》は，

9÷25＝0.36　→　36%

5．ヒストグラム

前の度《ど》数分《すうぶん》布表《ぷひょう》を，グラフに表しましょう。

また，そのグラフからいろいろなことを読み取りましょう。

次のように，度《ど》数分《すうぶん》布表《ぷひょう》をもとに，グラフをかきます。

Aグループの記録

握力《あくりょく》(kg) 以上　　未満	人数 (人)
5 ～ 10	0
10 ～ 15	1
15 ～ 20	10
20 ～ 25	0
25 ～ 30	5
30 ～ 35	4
合計	20

Aグループの記録

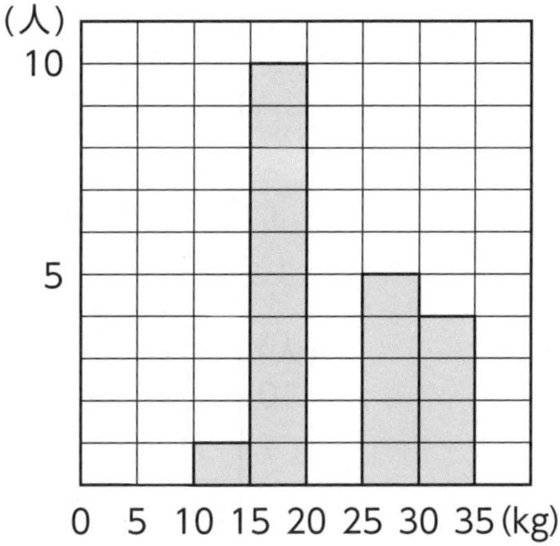

このようなグラフを**ヒストグラム**，または**柱《ちゅう》状《じょう》グラフ**といいます。ヒストグラムは，データのちらばりのようすがわかりやすくなっています。

同様に，Bグループ，Cグループの記録をヒストグラムに表すと，それぞれ次のようになります。

Bグループの記録

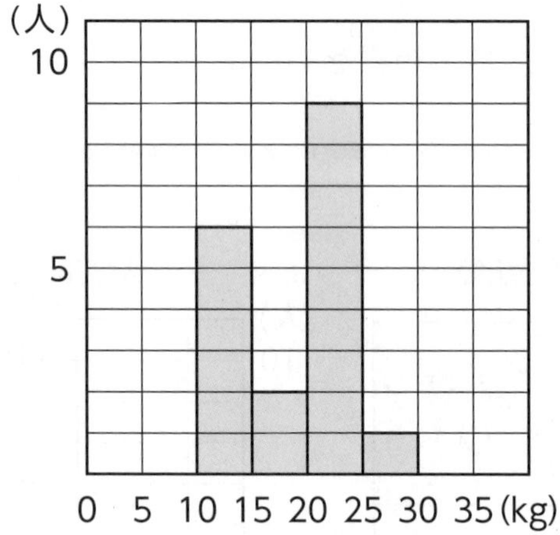

Cグループの記録

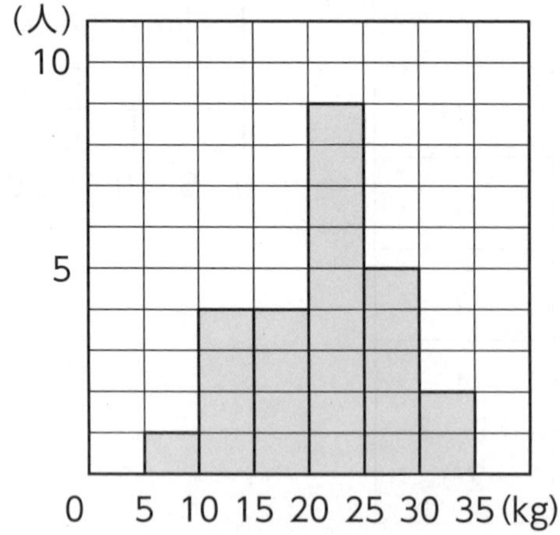

各グループの平均値《へいきんち》(A…22kg, B…18kg, C…20.4kg)は，それぞれどの階級《かいきゅう》に入るでしょうか。

Aグループ…22kgは，20kg以上25kg未満の階級《かいきゅう》に入ります。

Bグループ…18kgは，15kg以上20kg未満の階級《かいきゅう》に入ります。

Cグループ…20.4kgは，20kg以上25kg未満の階級《かいきゅう》に入ります。

Aグループ，Bグループのように，平均値《へいきんち》が入るのは，度数《どすう》が多い階級《かいきゅう》であるとは限りません。

ヒストグラムが山のような形をしているのは，どのグループでしょうか。

Cグループのヒストグラムです。

AグループとBグループは，中央にへこみがあり，山のような形にはなっていません。

6．工夫《くふう》されたグラフ

次のグラフは，2022年の日本の人口を年れい別，男女別にまとめたものです。

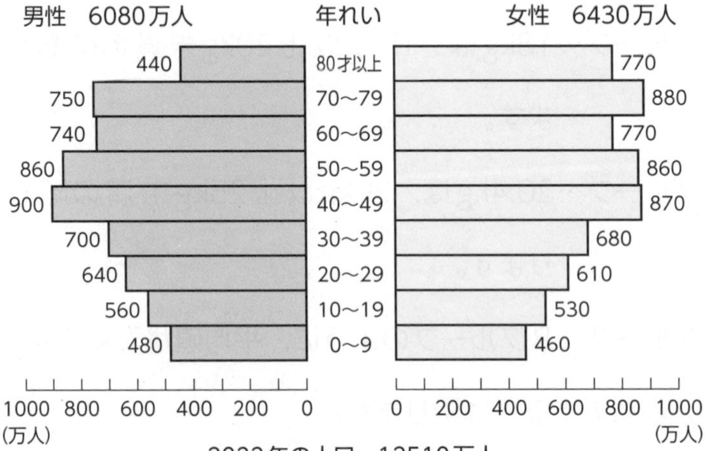

2022年の人口　12510万人

出典：「人口推計《すいけい》」(総務省統計局)

※四捨五入《ししゃごにゅう》してあるため，合計の数字と内訳《うちわけ》の計が一致《いっち》しない場合があります。

このグラフからいろいろなことを読み取りましょう。

いちばん人口が多い年れいの階級《かいきゅう》は，どの階級《かいきゅう》でしょうか。

70才以上79才以下の階級《かいきゅう》は，

750＋880＝1630(万人)

40才以上49才以下の階級《かいきゅう》は，

900＋870＝1770(万人)

したがって，40才以上49才以下の階級《かいきゅう》です。

60才以上の割合《わりあい》は，およそ何％でしょうか。

60才以上の人数の合計は，

740＋770＋750＋880＋440＋770＝4350（万人）

したがって，割合《わりあい》は，

4350÷12510＝0.347…　→　およそ35％

下のグラフは，1960年の日本の人口を，前のグラフと同じようにまとめたものです。

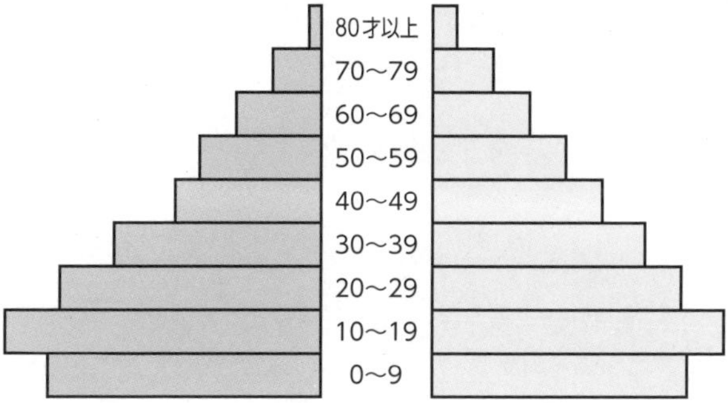

2つのグラフを見て，どんなことがわかるでしょうか。

・1960年は40才未満の人口が多いといえるが，2022年は40才以上の人口が多いといえる。

・1960年は，10才以上の人口が，年れいが高くなるほど少なくなっている。

・2022年は，1960年よりも，年れいによる人口の差が少ない。

・2022年は，1960年よりも，60才以上の人口の割合《わりあい》が大きい。

など，いろいろなことがわかります。

確《かく》認《にん》問題　解答 268ページ

1 次の［　　　］に，適切なことばを入れましょう。

(1)［　①　］とは，データの値《あたい》の合計をデータの個数でわったもののことをいいます。

(2)［　②　］とは，データの中でいちばん多く出てくる値《あたい》のことをいいます。

(3)［　③　］とは，データの値《あたい》を大きい順に並《なら》べたときの，真ん中の値《あたい》をいいます。

(4)［　①　］，［　②　］，［　③　］のようにデータの特ちょうを示す値《あたい》のことを，まとめて［　④　］といいます。

〔①　　　　　　　　〕

〔②　　　　　　　　〕

〔③　　　　　　　　〕

〔④　　　　　　　　〕

2 次のデータは，みずほさんの持っている色えんぴつの長さを測って，表にまとめたものです。

色	長さ (cm)	色	長さ (cm)
赤	5	桃《もも》	14
黒	11	青	12
黄	3	紫《むらさき》	9
緑	11	灰《はい》	15

①このデータの代表値《だいひょうち》を求めましょう。

・平均《へいきん》値《ち》

〔　　　　　　　　　〕cm

・最頻《さいひん》値《ち》

〔　　　　　　　　　〕cm

・中央《ちゅうおう》値《ち》

〔　　　　　　　　　〕cm

②みずほさんは，このデータをわかりやすくするため図や表にまとめてみました。これらの図や表について説明した文章の□に適切なことばや数を入れましょう。

(あ)

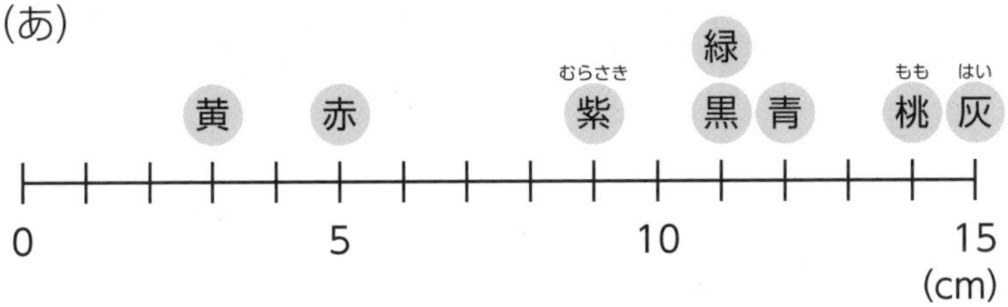

(い)

長さ (cm) 以上　未満	本数 (本)
0 ～ 5	1
5 ～ 10	2
10 ～ 15	4
15 ～ 20	1
合計	8

(う)

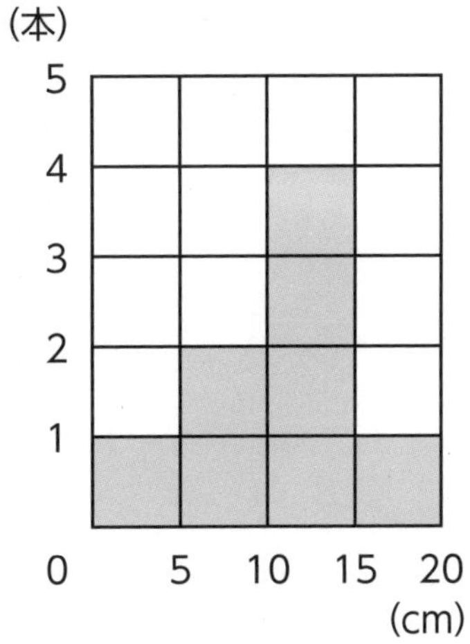

・(あ) の図を，［ Ⓐ ］といいます。

・(い) の表を，階級《かいきゅう》の幅《はば》が［ Ⓑ ］cmの［ Ⓒ ］といいます。なお，5cm以上10cm未満の階級《かいきゅう》の度数《どすう》は［ Ⓓ ］であることがわかります。

・(う) のグラフを［ Ⓔ ］や［ Ⓕ ］グラフといいます。

〔Ⓐ　　　　　　　　　　〕

〔Ⓑ　　　　　　　　　　〕

〔Ⓒ　　　　　　　　　　〕

〔Ⓓ　　　　　　　　　　〕

〔Ⓔ　　　　　　　　　　〕

〔Ⓕ　　　　　　　　　　〕

3 **以下のデータは，さくらさんが身近な9人の年れいを調べ，その結果をまとめたものです。**

名前	年れい（才）	名前	年れい（才）
大塚《おおつか》さん	12	大崎《おおさき》さん	22
駒込《こまごめ》さん	16	神田《かんだ》さん	9
高田さん	9	秋葉さん	14
大久保《おおくぼ》さん	20	上野さん	19
渋谷《しぶや》さん	32		

①さくらさんが年れいを調べた9人の平均値《へいきんち》と中央値《ちゅうおうち》を求めましょう。

・平均値《へいきんち》

〔　　　　　　　〕才

・中央値《ちゅうおうち》

〔　　　　　　　〕才

みどりさんも，さくらさんと同じように身近な8人の年れいを調べ，その結果を下のようにまとめました。

名前	年れい（才）	名前	年れい（才）
梅田さん	30	寺田さん	2
桜宮《さくらみや》さん	21	野田さん	12
京橋さん	41	福島さん	16
森宮さん	3	川口さん	11

②みどりさんが年れいを調べた人の平均値《へいきんち》と中央値《ちゅうおうち》を求めましょう。

・平均値《へいきんち》

〔　　　　　　〕才

・中央値《ちゅうおうち》

〔　　　　　　〕才

③さくらさんの集めたデータと，みどりさんの集めたデータはどちらがより，ちらばっているといえるでしょうか。2人の集めたデータを比べるために，ヒストグラムを作成して，答えましょう。

さくらさんの集めたデータ

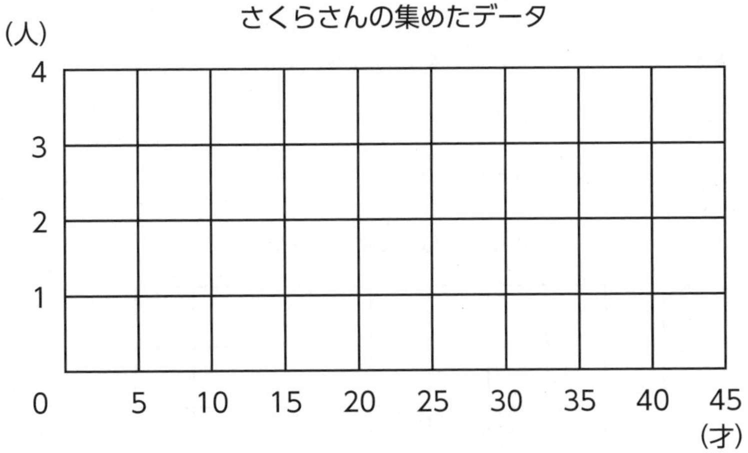

みどりさんの集めたデータ

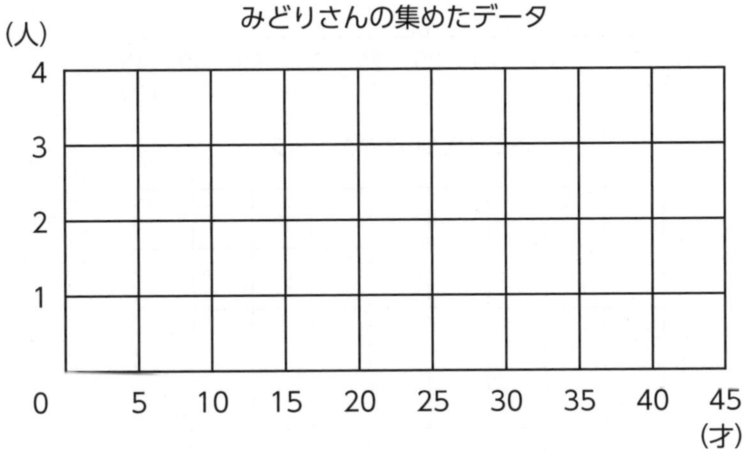

よりちらばったデータを集めた人〔　　　　　　〕さん

解答

問題 261ページ

1 ①平均値《へいきんち》　②最頻値《さいひんち》　③中央値《ちゅうおうち》　④代表値《だいひょうち》

2 ①平均値《へいきんち》10 (cm)　最頻値《さいひんち》11 (cm)　中央値《ちゅうおうち》11 (cm)

②Ⓐドットプロット　Ⓑ5　Ⓒ度数分布表《どすうぶんぷひょう》　Ⓓ2

Ⓔヒストグラム　Ⓕ柱状《ちゅうじょう》

解説 ① (5＋11＋3＋11＋14＋12＋9＋15) ÷ 8 ＝ 10

3 ①平均値《へいきんち》17 (才)　中央値《ちゅうおうち》16 (才)

②平均値《へいきんち》17 (才)　中央値《ちゅうおうち》14 (才)

③

さくらさんの集めたデータ

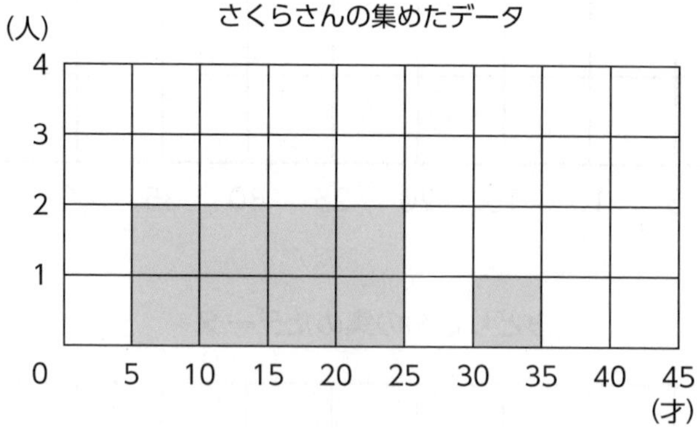

みどりさんの集めたデータ

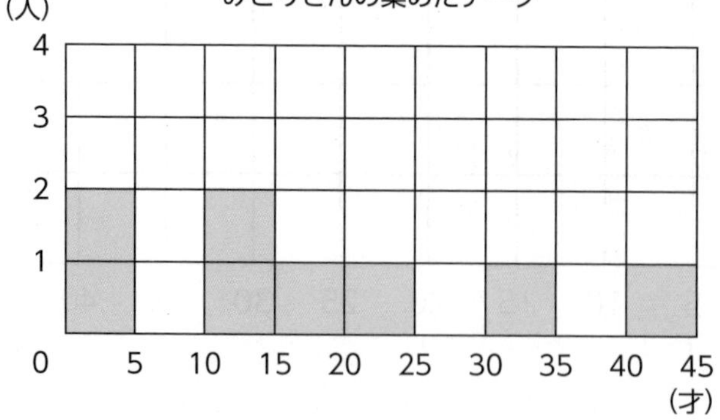

よりちらばったデータを集めた人　みどり (さん)

解説 ① $(12+16+9+20+32+22+9+14+19) \div 9 = 17$

② $(30+21+41+3+2+12+16+11) \div 8 = 17$

異《こと》なるデータであっても，平均値《へいきんち》が一致《いっち》してしまうことは珍《めずら》しくありません。データが2つ以上あるときは，それぞれのデータの平均値《へいきんち》や中央値《ちゅうおうち》だけでデータの特ちょうを判断して比べないようにしましょう。

③みどりさんの集めたデータは0才～4才や40才～44才に入る人がいます。しかし，さくらさんの集めたデータは，5才～34才に収《おさ》まっています。そのため，みどりさんのデータがより「ちらばっている」といえます。

ワンコイン参考書・問題集シリーズ　理科

小学５年参考書・小学６年参考書
著者／高谷唯人

小学５年問題集・小学６年問題集
編者／ワンコイン参考書・問題集編集委員会

出版／日栄社　各500円＋税

2023年中旬刊行予定!!

本シリーズの電子書籍版「ツーコイン電子参考書・問題集シリーズ」の
制作にあたっては令和２年度事業再構築補助金の交付を受けました。

印刷所　三省堂印刷株式会社
カバーイラスト　二平瑞樹
ブックデザイン　木村祐一（ゼロメガ）
DTP　ゼロメガ

ワンコイン参考書シリーズ

小6算数参考書

令和5年6月1日　初版刊行

著　者　小口諒子〈各章解説〉
ワンコイン参考書・問題集編集委員会〈各章確認問題〉

発行者　原　精一
東京都江東区亀戸8-25-12
発行所　株式会社　日栄社
〒136-0071　東京都江東区亀戸8-25-12
電話　03-6807-0801（代）
ホームページ　https://www.nichieisha.com/

ISBN978-4-8168-5621-1　Printed in Japan